森からの伝言

星薬科大学助教授・薬学博士
野沢幸平

日本教文社

森からの伝言

目次

挿画　岸本方子

森からの伝言

プロローグ

地球が生まれて四十六億年。

はるか昔の地球は金星や火星と同じく二酸化炭素で覆われていました。地上はマグマの海に覆われ、大気中は二酸化炭素に覆われた地球、温室効果ガスの代表者の二酸化炭素に覆われた結果、熱は外に逃げず、原始地球はまさに灼熱の星だったのです（冥王代）。

数億年の後、地上を覆ったマグマの海も冷え始め、大気中の水蒸気が雨となって降り注ぎ、原始の海が出来あがります。徐々に二酸化炭素は海に溶け込み、十数パーセントの大気中濃度で落ち着きます。

二十七億年ほど前に、二酸化炭素を利用し、酸素を排出する光合成細菌のシアノバクテリア（ラン藻類）が出現します。光合成とは光のエネルギーを利用し、大気中の二酸化炭素を有機物に変える反応で、そのとき排泄物として酸素が大気中に排出されていきます。この細菌により大気中に酸素がたまり始め、やがて藻類も現れ、酸素の蓄積に拍車がかかります。酸素は徐々に上空にまで拡散していき、紫外線の作用によってオゾン層が形成されていきます。その結果、太陽光中に存在する遺伝子等を傷つけるような強い紫外線はオゾン層にさえぎられるようになり地上も安全な場所となりました。

四～五億年前、動物、植物たちが海の中から上陸を開始します。植物たちは大型化し、大いに栄えます。植物と菌類との共生関係もこの頃に始まったようです。陸上では光合成のできる植物たちが二酸化炭素を消費し、海では石灰質の殻を作るサンゴなどの生物が現れ、海中に溶け込んだ二酸化炭素を消費し、長い長～い時間をかけて大気中の二酸化炭素は吸

収され、地底に沈みました。そして緑豊かな今の地球が出来上がりました。

長い時間の中にはさまざまなドラマがあります。動植物が出現したカンブリア紀以降に動植物の大絶滅は五回もありました。それらはいずれも気候の急激な変化が関係しています。最後の大絶滅は白亜紀末期（六千五百万年前）の恐竜たちの滅びです。色々な説がありますが、きっかけは小惑星の地球への衝突説が有力です。大きな隕石（小惑星？）がメキシコのユカタン半島に落下します。その衝撃はきっと凄まじいものだったことでしょう。その結果、土ぼこりが黒い雲のように地球をすっぽり被い、数年間にわたり太陽の光はほとんど遮られてしまい、気温が低下し、氷河が発達します。植物たちは弱り、食糧不足が起き、恐竜たちは徐々に倒れていきました。

数年をかけ、地球に太陽の光が戻ってきます。空が晴れ上がると今度は氷結していた水分が一斉に蒸気として大気中に充満し、水蒸気の温室効果で、気温の異常な上昇をきたします。海水中ではプランクトンの大量死が起こり、その結果、海の中は酸素不足となり、海の生態系は大きなバランスの崩れを生じてしまいました。

この大きな気候変動に耐え、生き残った生物もいますが、多くの動植物たちが姿を消していきました。一括り（ひとくくり）ですべてを言い尽くすことはできませんが、少なくとも急激な気候変動は色々なところに影響し、自然界のバランスを大きく崩してしまうことが分かります。白亜紀の事件も気候の大きな変化が原因しているのです。*


現在に目を向けて見ましょう。

今から一万年前に最後の氷河期*が終わりました。気温の上昇後、少しの変動はありますが、ほぼ九千年にわたり安定した気候が続いています。地球の平均気温は約一五度（摂氏・以下同）と言われていますが、太陽のエネルギーだけでは平均気温はマイナス一八度程度と、寒い寒〜い星となってしまいます。しかし、地球は暖かく住みやすくなっています。それは温室効果ガスと呼ばれている二酸化炭素などのガスが、空気中に少量あるお蔭なのです。ところが最近、徐々に気温の上昇が目立ってきました。今から二百年ほど

*児玉浩憲著『図解雑学 生態系』ナツメ社

*地球では地軸の変動やその他のことが原因して、数万年周期で氷河期が訪れる。強さの違いはあるが氷河期は繰り返されてきた。今後も繰り返される。

前までは、大気中の二酸化炭素は〇・〇二八パーセント（二八〇ｐｐｍ・ｐｐｍは百万分の一）で安定した濃度が続き、気候も安定していました。しかし、この百年ほどの間に二酸化炭素の濃度が急激に増えています。産業革命後、私たちは石油や石炭などをエネルギー源としてたくさん使い続けてきました。

地球の長い歴史の中で、大気中の二酸化炭素は徐々に地下に蓄積されていきました。その地下に沈んだ炭素源を、今、私たちは一気に使い続け、それを再び大気中に戻しています。

また、木々たちは大気中の二酸化炭素を吸収し、替わりに酸素を大気中に放出し、大気中の二酸化炭素濃度を一定の状態に保つことに貢献しています。私たちはその木々たちを産業発展のために大量に消費し、森林の面積を急激な速さで減少させています。

このようにしてきたことから、二十世紀初めに、大気中の二酸化炭素濃度は三〇〇ｐｐｍ（〇・〇三パーセント）を越え、今では三七〇ｐｐｍ（〇・〇三七パーセント）を越えています。今でも二酸化炭素は年々増え、このままの状態で推移(すいい)すると今世紀の終わり（二千百年）には五四〇～九七〇ppmになると予想されています。

「気候変動に関する政府間パネル」（IPCC）*の報告書では、二酸化炭素の増大は地球の平均気温の上昇につながるとし、このままでは今世紀末の平均気温の上昇は一・四～五・八度と予測しています。

数十億年という地球の歴史の中で、たった百年という短い時間に起きた急激な気温上昇は色々なところに影響を及ぼしはじめています。現に異常気象は世界の各地で頻発するようになってきています。*

記憶の新しいところでは二〇〇二年八月にヨーロッパ中東部を襲った集中豪雨は凄(すさ)まじいものでした。チェコでは首都プラハを含む国土の広い範囲で洪水が発生し、過去百年の中で最大級の洪水といわれました。集中豪雨の被害はチェコ以外にドイツ、ポーランド、オーストリア、ルーマニアやロシア西部の広範囲に大きな被害をもたらしました。同じく、中国の南部などでも大きな洪水が起こり、被災者は二億人を超えるという莫大な被害をもたらしました。

＊世界中の科学者や専門家により気候変動に関する最新の科学的知見を取りまとめ各国の政策決定者に伝える機関

＊環境省地球環境局編『地球温暖化を考える』全国地球温暖化防止活動推進センター

一方干ばつの被害も大変で、北米大陸のほぼ全域で、三十年に一度といわれる大きな干ばつが発生し、カナダ西部やアメリカ中西部の穀倉地帯は大きな打撃を受けました。このように、地球温暖化によると考えられる異常気象が徐々に増えてきています。今後、その影響はさらに拡大し、異常気象（異常高温、洪水、干ばつ等）が頻繁に起こるようになり、自然や社会環境にマイナスの大きな影響を与えるものと予測されています。このような状況を考えるとき、地球温暖化に対する対策は最重要事項とならざ

るをえないと思います。

今から三十年ほど前、一九七二年、スウェーデンのストックホルムで初の環境会議（国連環境会議）が開かれました。

それから二十年後の一九九二年四月に地球温暖化防止を目的とした国際的な取り組みを初めて定めた条約である気候変動枠組条約がつくられ、[*]その六月ブラジルのリオデジャネイロで開催された地球サミット（環境と開発に関する国連会議）において、気候変動枠組条約に参加する署名が開始されました。そして、条約は一五〇ヵ国以上の署名をもって一九九四年三月に発効しました。

一九九五年の春にドイツのベルリンで条約に参加した国が集まり、第一回の気候変動枠組条約締約国会議（ＣＯＰ１・ＣＯＰはConference of Partiesの略・地球温暖化問題を考える会議）が開催されました。この会議は以後毎年開催され、人類の未来を左右する会議として世界的に注目されています。一九九七年一二月には京都で第三回条約締約国会議（京都会議：ＣＯＰ３）が行われ、二〇〇〇年以降の地球温暖化対策のあり方を規定する議定書が採

＊気候変動枠組条約の目的は気候系に対して危険な人為的干渉を及ぼすこととならない水準において大気中の温室効果ガス濃度を安定化させることにある。

択されました。

二〇〇一年（平成一三年）一一月にモロッコのマラケシュで第七回条約締約国会議（COP7）が開かれました。そして一九九七年（平成九年）の暮れに行われた京都会議（COP3）での議定書の運用ルール（実際の使い方）が決められました。

残念なことに温室効果ガス最大排出国であるアメリカが京都議定書*批准には不参加を表明し（二〇〇一年三月）、議論に参加しませんでした。そのため一時はマラケシュで京都議定書の運用ルールを決めることが困難な状態となりました。それぞれの国にはそれなりの事情があり、その国の代表者はいろいろなことを考えざるを得ません。しかし、今まで世界の多くの国と地域の人たちが集まり考えてきた地球温暖化防止に向けての議論を無駄に終わらせてはいけないことも確かです。

日本の代表者たちは、大きな柱のアメリカを欠いた状態でしたが、素晴らしいリーダー・シップを発揮して会議の成功に尽力されました。その結果、

＊京都議定書：一九九七年十二月、京都で気候変動枠組条約第三回締約国会議（COP3、地球温暖化防止京都会議）が開かれ先進国における温室効果ガス排出削減目標等を定めた京都議定書が採択された。二〇〇八年～二〇一二年（第一約束期間）に先進国全体の温室効果ガス（二酸化炭素ほか）の排出量を、一九九〇年に比べ少なくとも五・二パーセント削減することが決められている。（日本目標は六パーセントの削減）

時間切れ寸前の会議最終日に京都議定書運用ルールが採択されました。すでに深夜を回り、明け方だったとのことです。

この会議を成功裏に終わらせたことに対し、日本の代表団は世界の多くの国から大きな評価を受けました。世界の国々は日本に更なる期待を抱きました。日本の責任は益々大きくなります。前途は必ずしもスムーズではありませんが、世界への貢献がこれからの日本の進むべき道と思います。

平成一四年六月、日本も京都

地球温暖化問題をめぐる国際的な流れ

1985年	10月	フィラハ会議(オーストリア) 地球温暖化に関する初の国際会議
1988年	6月	トロント会議(カナダ) 2005年までにCO_2排出量の20%を削減提案
	11月	IPCC(気候変動に関する政府間パネル)設立、第1回会合
1990年	8月	IPCC　第1次報告書
1991年	2月	第1回気候変動枠組条約交渉会議（ワシントン）
1992年	5月	気候変動枠組条約採択
	6月	地球サミット(リオデジャネイロ) (気候変動枠組条約の署名開始)
1994年	3月	気候変動枠組条約発効
1995年	3月	気候変動枠組条約第1回締約国会議(COP1)（ベルリン）
1996年	7月	COP2（ジュネーブ）（法的拘束力のある約束を目指す）
1997年	12月	COP3(京都会議) 「京都議定書」を採択　（法的拘束力のある各国別数値目標の導入）
1998年	11月	COP4（ブエノスアイレス）
1999年	10月	COP5（ボン）
2000年	11月	COP6（ハーグ）
2001年	4月	IPCC　第3次報告書 「地球の平均気温は2100年までに最大で5.8℃上昇」
	11月	COP7(モロッコ・マラケシュ)（京都議定書の運用ルールの最終合意

議定書の批准国（ひじゅん）となりました。この条約発効の条件は条約締約国のうちの五十五ヵ国以上が批准し、かつ全先進国の一九九〇年二酸化炭素総排出量の五十五パーセントを占める先進国が批准するとなっています。そしてこの条件が整った日から九十日後に条約の発効となります。二〇〇二年の終わりまでに、世界の一〇〇ヵ国が批准を完了し、条約発効に必要な批准国の数は越えました。二酸化炭素総排出量も四三・七パーセントで、条約発効条件の五五パーセントまでもう少しのところに来ています。少しずつではありますが、私たちの地球を守ろうという気持ちは増え、広がっているものと思われます。

この美しく、素敵な地球をそのまま私たちの子孫に手渡したいと思いませんか。一人では何も出来ないという人もいますが、ある書物には〝一人がよいことをしても世界は変わる〟とありました。私たち一人一人が地球に優しい行動がとれるならば、必ず善い方向に物事は進んでいくのではないでしょうか。自然を大切にし、自然に優しく、調和して生きる。そのことを真剣に考え、行動する時代が来たように思います。

この本では、自然の中に生きるカビたち（菌類）にスポットを当ててみました。自然環境の話には、多くは猛禽類や高等植物の話が主になりますが、生態系の中では様々なものが幾重にも絡み合って、その系が作りあげられています。二つや三つの生物種間だけの話で全てを語ることは出来ません。

一本の木に集まる生物たち

たった一本の樹木の営みの中にも、その樹を取り巻く環境の中には様々な生き物が暮らしているのです。その樹の周りには多くの動物や鳥たちが常に集い、楽しく生活をしています。自然の中に暮らす小鳥一羽が一年間で捕まえる昆虫の数が百万頭を越えるという報告もあります。一日にすると三千頭もの虫を捕まえていることになります。*そう考えると、樹木やその周りに生活する昆虫などの虫たちの数も相当な数となることが想像できると思います。さらに、その樹に関わる菌類に着目するならば、やはり、多くの種類が集い、菌糸を伸ばし、共に暮らしています。

このように、自然の中に存在するたった一本の樹木に着目しても、その樹を取り巻く環境の中には、多くの生き物が暮らしていることが分かります。そして、それらの全ての生物種が相互に複雑に関連し、調和の取れた姿を作り出しているのです。カビたちも、自分たちの持ち場で大活躍をしています。

では、菌類と他の生物が助け合っている様子を身近なところに見てみましょう。

みなさんの周りにある少し大きめの木の樹皮を見てください。樹木の幹

＊出嶋敏明著『図解雑学 昆虫の科学』ナツメ社

に灰色や灰緑色をした、まだらの模様があるものが見受けられると思います。まるで木の幹に何かを貼り付けたように見えます。一見、苔のようにも見えますが、湿気は持たず、かえって乾燥している感じです。これは「地衣」と呼ばれる生き物です。この地衣類はあたかも一つの生命体であるかのごとくひとつのまとまりとして行動しています。しかし、実はこのものは、藻類（緑藻か藍藻）と菌類（主に子のう菌類）との共生体であります。

地衣体は通常一種類の菌と一種類の藻からできていますが、その主導権は菌にあるようで、地衣体の大部分の形が菌糸で作られています。地衣類は地面から離れた状態のところで生活しています。そこで、地衣体を構成する菌類は水分を雨水や霧、夜露などから吸収します。また、無機養分については吸収した水分に溶けているものや空気中に漂うほこり等から獲得しています。

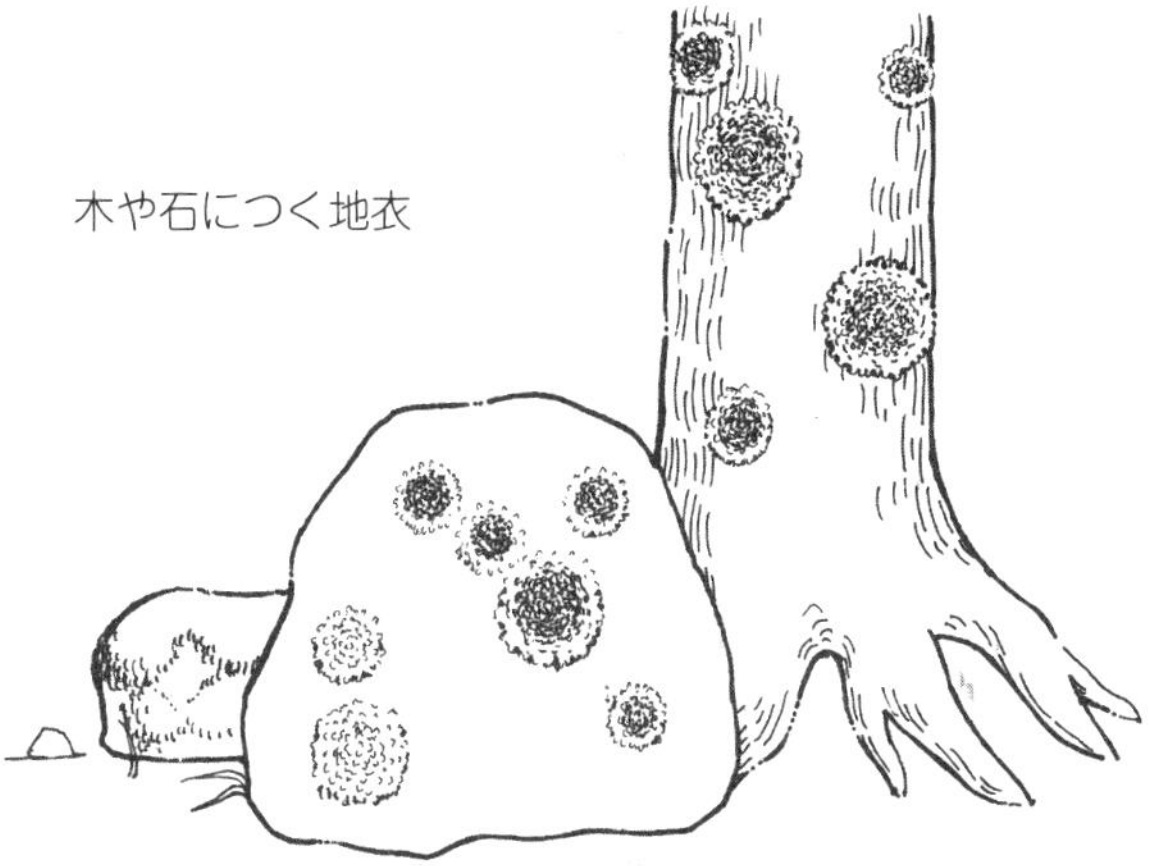
木や石につく地衣

一方、共生する藻類は、共生菌が獲得した水や養分の一部をもらい、光合成で生産した炭水化物の一部を菌にお返ししています。

地衣類の多くは生長がおそく、周りに広がるスピードは年間で一ミリメートル以下と、ゆっくりゆっくり生長します。乾燥には大変強く、脱水状態となると生長を止めてしまい、適当な水分条件が整うと速やかに回復する能力を持っています。暑さ寒さにも極めて強いため、地衣類は樹木ばかりでなく色々なところに着生し、生きていけるのです。岩や石垣、コンクリートの上、さらには灼熱（しゃくねつ）の砂漠や極寒の極地といった他の生物が棲（す）めないようなところにも多くの種類が生息しています。これも菌類と藻類の助け合いの賜（たまもの）ではないでしょうか。*

＊R・C・クック著　三浦宏一郎・徳増征二訳『菌類と人間』共立出版

第一章　カビってなんだか知っていますか？

カビ＝バイキン？

皆さんは「カビ」という言葉から何を連想されるでしょうか？　カビを漢字で書くと「黴」となります。この字は黴菌のバイに使われています。これでは〝カビは「汚いもの」〟とイメージされても仕方がないようです。

菌類、一般的な言葉で表現すれば、カビやキノコ、酵母たちを指して菌類といいます。細菌（バクテリア）も菌という字が入っていますので、同じ仲間と思われがちですが、細菌は原核生物*であり、カビやキノコ、酵母の仲間ではありません。この細菌と区別するため真菌とも言います。

菌類はみな真核生物*であり、外部の栄養分を、細胞壁を通して内部に取り入れる吸収という方法で栄養をとっている仲間です。しかし、これら三種はそれぞれ大きく異なった形状を示します。カビやキノコは菌糸を伸ばして生長します。キノコは傘を開いて私たちに存在をアピールし、カビは餅やみかんや浴室の壁などに生えて存在をアピールしています。一方、酵母は一見菌

＊原核生物
細胞内に染色体はあるがそれを取り囲む核膜がない原核細胞からなる生物。細菌やラン藻

＊真核生物
染色体が核膜に包まれた核を持っている真核細胞からなる生物。細菌やラン藻類などの原核生物を除く生物はすべて真核生物。

糸らしきもの（仮性菌糸）はつくりますが、通常菌糸では生長しません。その結果、私たちの生活の場の中で酵母菌たちの存在を目で確かめることはなかなか難しいようです。

みなさんはカビとキノコと酵母についてどのようなイメージをお持ちでしょうか？　多くの人はキノコや酵母に対しては良いイメージを持っているのに対し、カビはあまりよくないイメージをお持ちのようです。みなさんは如何でしょうか。

菌類の中のカビたちには、食品の腐敗・変敗を引き起こしたり、住居や衣類などを侵したり、さらには人間や動・植物に病気を引き起こさせたりと、我々の生活にマイナスをもたらすものがいます。

人間や動物の病気は細菌（バクテリア）やウイルスが主となりますが、植物の場合では八割以上の病気がカビたちによって引き起こされます。稲の病気のいもち病はピリクラリア・オリゼーというカビによって引き起こされる病気で、稲の病気の中で最も注意しなければならない病気です。

草の葉や茎（くき）などにはよくうどん粉を振りかけたような状態の部分を見つけることがあります。それはその症状の如くうどん粉病と呼ばれる病気です。これらはウドンコカビ科のカビたちによって引き起こされる病気で、世界中に広く分布（ぶんぷ）し、色々な植物に寄生します。

また、植物の色々な部分に鉄さび色の胞子（ほうし）を大量に生じ、あたかもさびが付いているような病徴を示す病気があります。さび病菌によって引き起こされるさび病です。さび病菌は担子菌類（たんしきんるい）に属しますので、キノコの仲間なのですが、キノコのように傘を作らない菌たちです。さび病も世界に広く分布し、その数は六千種を越える大きなグループです。*

まだまだ色々なものがあり、カビが原因で起こる植物の病気は数え上げればきりがありません。さらに、まだまだ知られていないカビに起因する植物病もいっぱいあります。

それでは人間の生活環境に眼を向けてみましょう。人間の生活の場にもカビたちは生えてきます。浴室に生えてくるカビや、ちょっと使わずに置いておいた革（かわ）の鞄（かばん）や靴（くつ）などに生えたカビ、餅やみかんに生える赤や黄色、緑のカ

*池上八郎ほか著『新編植物病原菌類解説』養賢堂

ビ、食パンに毛のようなものを生やすカビなど色々ありますが、どれをとっても気持ちが良いものではありません。

日常生活の中ではカビが付いたものはあまりきれいには感じません。そのようなことを考えると、カビが汚い嫌なものという印象が強くなるのも無理からぬことと思われます。しかし、カビは本当に汚い物、みんなの嫌われ者なのでしょうか?

日本人の生活の中には、昔からカビなどの微生物を利用した食材が多くあります。日本酒、焼酎、味噌、醤油、みりん、かつお節等はカビを使って作られた代表的なものです。え？　かつお節も？　と驚かれた方もいるかもしれません。そうです、かつお節もれっきとしたカビを利用した発酵食品です。

かつお節

かつお節はかつお一尾から、背中側から二本と腹側から二本の計四本のかつお節が取れます。一定の形に切られたかつおは金属製の籠（かご）に綺麗（きれい）に並べられ、七五〜八五度程度のお湯をたたえた釜の中に入れ、その後、徐々に温度を上げ、沸騰（ふっとう）寸前の温度（九八度）まで上げられます。百度まで上げないのは沸騰すると釜の下から泡が立ち上がり、煮崩（にくず）れの原因となるためとのことです。この作業（煮熟（にじゅく））は六十〜九十分行われるそうです。長時間行われるのは、熱で固まるタンパク質を完全に固まらせることと、かつお自身が持つ自己消化酵素を熱で変性させ、酵素の力を完全に失わせるためです。長時間煮るのですから煮汁の方に栄養が全て移動してしまうように思いますね。いっぱいだしが出たであろうこの煮汁、これはこれで調味料等に利用されるのだそうです。その後、お湯から取り出され、風通しの良い涼しいところで一時間ほど置き、身を

引き締めます。
次に、骨や皮、うろこ、皮下脂肪、さらに汚れを取り除き、乾燥に入ります。これは焙乾といわれ、薪を燃やして燻しながら乾燥します。一回目の焙乾は「水抜き焙乾」と言われ、表面の水を除き、除菌と雑菌の発生を防ぐ目的で行われます。

水抜き焙乾が終わった後、かつおのすり身肉を使って割れ目などを修整し、さらに焙乾を繰り返します。そうして出来上がったものを荒節といいます。表面が燻煙で覆われて出来るため、ざらざらとした状態となっています。このことからこれは荒節と呼ばれるようになったと言います。この荒節まできますと、残存水分はすでに二〇パーセントほどにまで低下し、節は硬い状態となっています。

これをグラインダーで削り、形を整えます。これがかつお節作りにとって最も重要な「削り」という工程です。現在では多くのものが機械で削られているようですが、かつてはかつお節作りの職人技が試される重要な工程でした。ここで削り上げられたものは裸節と呼ばれます。よく考えてみると、この裸節、かつおをお湯で煮出して作られたもので、だしを取り尽くしたかすのようにも思えます。しかし、ここからがいよいよかつお節に命を吹き込む「カビ付け」というわけです。綺麗に形を整えられた裸節は最後の工程の「カビ付け」に入ります。

少々お話が長くなりましたが、かつお節製造の最後にカビが登場します。それは裸節の水分含量をさらに下げると共に脂肪分を減少させ、好ましい特有の芳香（ほうこう）と美味（おい）しさの素（もと）を作り出すために行われます。

削り終わった裸節を戸外で一日程度日に当てた後、樽（たる）などに節（ふし）を入れ、室（むろ）に入れます。室の中にはユーロチウム・ハーバリオラムというコウジカビの仲間がいて、十日ほどで節の表面がカビに覆われ、緑の粉をふいたような状態となります。この緑色をしたものは分生子（ぶんせいし）と呼ばれ、菌糸から体細胞分裂によって作られるカビの種子（胞子（ほうし））です。（41ページ参照）

かつお節製造に使われるカビは乾燥（かんそう）を好みます。カビに覆われた節は戸外で日干しにした後、ブラシを使って丁寧（ていねい）にカビを払い落とし、風通しの良い日陰で放冷します。このカビ付け作業を数回繰り返して美味しいかつお節が作られます。カビ付けが進むにつれて水分含量が減り、節の表面を覆うカビの分生子も緑の状態から赤褐色の色合いに変わっていきます。この状態になると、水分含量は一二～一五パーセントになり、硬い硬い、かつお節の出来上がりです。

ここでのカビの働きは節の水分の除去と節のタンパク質などの成分の一部を分解して、うま味の成分（かつお節のうま味はイノシン酸のヒスチジン塩に由来するといわれています）や良い匂いの成分に変換することです。こうして、美味しいかつお節が作られていき、全ての作業が終わるまでには四～六ヵ月もの時間がかかるとのことです。*

*宇田川俊一・椿啓介ほか著『菌類図鑑　上』講談社

日本酒

日本での発酵食品の代表者はやはり日本酒となるでしょう。ご存知のように大神神社や松尾神社はお酒造りの神様であり、お酒造りの歴史は神代の時代にさかのぼります。酒の起源は口噛み酒と言われていますが、穀類などのデンプン質の食物を口に含んでゆっくり噛んでいると、唾液中のアミラーゼ（糖化酵素）の作用によってデンプンが分解され、ブドウ糖ができてきます。甘くなった口の中のものを容器に出して溜めておきますと、自然に空中に浮遊している酵母菌がそこに落下し、アルコール発酵が開始されます。このようにして造られるお酒のことを「口噛み酒」と呼んでいます。

『古事記』の中に出てくる須佐之男命の八岐大蛇退治では大蛇を酔わせるために、お酒をたくさん作る場面があります。命は結婚を約束してくれた櫛名田比売とその両親の足名椎、手名椎に、お米を噛み、出来るだけ強いお酒を造るようお願いします。この場面で造られるものが「口噛み酒」にあたります。

その後、中国大陸から米と麹を使ってお酒を作る技法が伝わり、日本独特の米麹による酒造りに発展していきます。カビが米を糖化し、酵母がカビによって造られるブドウ糖をアルコールに変えます。

カビと酵母の連係プレーで美味しい日本酒が出来上がります。焼酎も同じことで、穀類をカビと酵母の連係プレーでアルコール発酵させ、造られたアルコール発酵物をさらに蒸留という操作を行って造り上げます。麹は蒸米（むしごめ）に麹菌であるアスペルギルス・オリゼー（*Aspergillus oryzae*）を繁殖させたものです。「口噛み酒」を造るとき、唾液中にアミラーゼが出て、でんぷん質をブドウ糖に変えますが、そのアミラーゼをいっぱい作り出す麹菌は口の中で咀嚼（そしゃく）するという酒造りの工程と同じところを担当するわけです。

明治になると日本の伝統的酒作りの技に西欧の近代科学が入り、酒造りはさらに発展します。その頃まではアルコール発酵を行う酵母については自然混入に任せていましたが、矢部博士による日本酒酵母（サッカロマイセス・サケ・*Saccharomyces sake*）の発見が大きな技術発展をもたらしました。それ

は、日本酒酵母の普及・改良によりその頃まで多かった雑菌の混入等による腐造を減らし、常に良質の日本酒製造をもたらしたのです。現在、日本酒酵母は分類学上ブドウ酒酵母やパン酵母と同じサッカロマイセス・セレビシア（*Saccharomyces cerevisiae*）とされていますが、性質はそれぞれ大きく異なっています。

このように、日本酒はカビと酵母の協力によって造られます。

一方、ヨーロッパのお酒、ブドウ酒は糖分の豊富な原料を使い、それをブドウ酒酵母で発酵させてつくります。ブランディーは発酵で作られた果実酒を蒸留してつくります。

また、ビールはモルト（麦芽（ばくが））を使い、その中にあるアミラーゼの働きでデンプンを糖化した後、ビール酵母で発酵してつくります。麦芽は清酒造りの麹と同じ働きをしています。ウイスキーは麦芽発酵液を蒸留して造ったものです。いずれも微生物としては酵母のみの作用によって作られているお酒です。日本や東洋の一部で行われるお酒造りと西洋のお酒造りに違いがあることは地域環境の特性もあいまって大変面白いと思います。*

＊一島英治著『発酵食品への招待』裳華房

味噌・醤油も

多くの味噌や醤油は共に大豆から出来ています。それらも共に麹菌の力を借りて作られます。最近では色々な味噌・醤油が開発され、それらの製法の中で色々な菌類が使われているようです。

このように麹菌はデンプンを分解したり、タンパク質を分解する酵素類を豊富に作り出します。

カビ達は自分で作る酵素を巧みに使い、目の前にある食材を自分の大好きな料理に作り上げ、それを食べるのです。カビ達は豊富に酵素をつくり出すので、カビは酵素の袋のようだという人もいます。そのようなことにより、菌類を利用して様々な酵素の製造が行わ

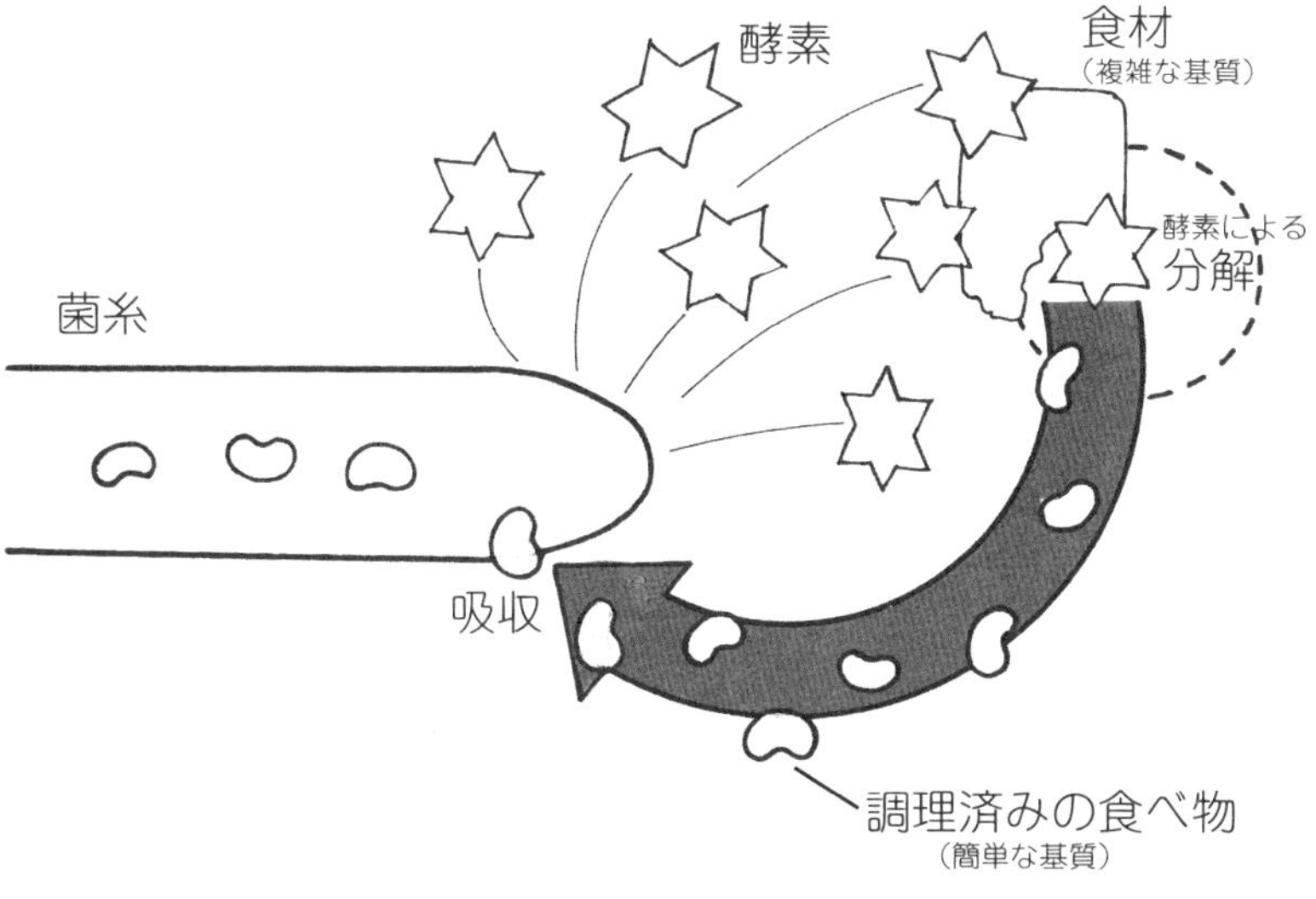

れています。

また、麹菌たちがアミラーゼやプロテアーゼ（醤油・味噌等で活躍）をはじめ多くの消化酵素を豊富に持つことから、医薬品として使われているものもあります。その中の一つに、先ほども出てきたアスペルギルス・オリゼーという菌をコムギ胚芽のうえで生長させ、一定期間培養後、そのまま乾燥して粉末とし、加工して錠剤化したものが消化薬として市販されています。アスペルギルス・オリゼーの培養菌体（菌糸の集まり）は消化酵素の宝庫なのです。カビに留まらず乳酸菌やキノコは最近の機能性食品のブームに火をつけました。このように、人間に多くの貢献をしているカビ達もいっぱいいるのです。*

それでは、人間生活に貢献するカビは良いカビで、貢献しないカビはやはり嫌われ者なのでしょうか？　いいえ、この世に生まれて来たものに、無駄なものはきっと無いと信じます。人間にとって心地よいとは言えないものでも、地球全体の中ではなくてはならないものが多く存在します。

＊今中忠行監修『微生物利用の大展開』エヌ・ティー・エス

自然界の現象はどの立場に立って観(み)るかによって様々な考察が出来ると思います。私には自然界は調和した素晴らしい世界であり、菌類はその調和した世界を保つために、自分の持ち場で活躍している縁(えん)の下の力持ちのように見えてきます。あるときは正義の味方となりヒーローとなるが、またあるときは仁王様の如く全てのものにお仕置きをする。変幻自在な観世音菩薩の如く、自然界をよき方向に導いている、私にはそのように観えるのです。

次の章から、カビやキノコが生態系(せいたいけい)の中でどのような役割を演じているか、カビたちにスポットを当ててみていきたいと思います。

第二章　カビの世界も調和を好む

虫の名前がついたカビ

私が子供の頃、いつ頃のことか記憶が定かではありませんが、父の足の裏を踏んであげることがありました。足の裏を踏んであげると父はいつも喜んでくれました。なつかしい思い出です。

父の足の裏には水虫がありました。水虫はうつるといいますが、父のものは特別で、私はうつるなどと考えたことは全然ありませんでしたし、実際うつりませんでした。家族の誰にも水虫はないのに、どうして父にだけあるのか？　父の足の裏を踏んであげたり、足をもんであげたりしたとき、そんなことを思ったことを憶（おぼ）えています。そして「水虫を治す薬を見つけてやろう！」などと思うときもありました。それだけで薬学を目指したわけではありませんが、今、「菌類が生産する抗カビ性物質の研究」を研究テーマの一つとして行っているきっかけになっていることは確かなようです。

さて、話を本題に戻しますが、私は父の水虫は懐かしく思いますが、一般的に水虫の患部はあまりきれいとは言えません。それでは水虫の仲間はみんな嫌われ者でしかないのでしょうか？

　この水虫は名前に虫が付いていますが、皮膚科では白癬菌と呼ばれるもので、本当は虫ではなく、カビなのです。水虫の仲間はカビ、つまり菌類の仲間で、さらに細かく言うと子のう菌類（巻末付録参照）のアルスロデルマ属というところに分類されるものがほとんどです。アルスロデルマ属は子のう菌類の中の不整子のう菌類に入り、受精（有性生殖）によって子実体（植物の果実にあたるもの）をつくることが分かっているアオカビやコウジカビたちと同じく、閉鎖型の子のう殻（子実体）をつくる菌類です。*

　アルスロデルマ属の菌たちは通常土の中で生活しており、動物たちから抜け落ちる毛や垢等にあるタンパク質のケラチンを特異的に好み、これらを見つけるとケラチナーゼというケラチン分解酵素を出して、それを分解し、栄養源として食べ、暮らしています。ケラチンとは硬タンパクの一種で、動物や昆虫などでは外部からの攻撃に対して体を保護するために使われており、本来大変分解され難いタンパク質であります。ところが、アルスロデルマ属

＊宇田川俊一「Jpn. J. Med. Mycol.」1997, 38(1), 1—4, 日本医真菌学会

の菌たちはケラチン質のものを見つけると、大喜び、それに取り付き、食べ始めます。結果として、人間や動物の垢や抜け落ちた毛などは地上にそのまま残るということはないのです。これらの菌たちがみんな分解して土に還してくれるからです。もちろん、ケラチン大好きカビは他にもたくさんいます。ためしに土の中にケラチン分解菌がいるかを観察してみては如何でしょうか？　毛糸の切れ端を数本用意し、数箇所の土の中に埋めましょう。埋めた場所を覚えておくためにそこに目印をおきましょう。そして、数ヵ月後に埋めた毛糸を掘り起こしてみてください。毛糸がボロボロになっているのが見られます。ボロボロになった毛糸は土の中で暮らすケラチン分解菌たちが活躍していた証拠です。このように土の中で暮らす菌たちのことを土壌菌（どじょうきん）といいます。

菌類の分類は、植物の果実に当たる子実体や、種子に当たる胞子の大きさ、形、さらにそれらの形成方法等で分類します。

通常、カビやキノコ、酵母たちも植物と同じく受精が行われると子実体ができます。そして、その子実体の中に胞子をつくります。皆さんが〝キノコ〟と呼んでいる物は実はキノコの子実体なのです。

ところが、受精が行われずに子実体ができ、胞子ができてくる菌がいます。これらのカビも子実体を作りますが、自分の体を有性生殖なしに分裂させて効率よく胞子（無性胞子）を作ります。この胞子のことを分生胞子（ぶんせいほうし）または分生子と呼びます。（無性胞子には分生子のほかに菌糸の一部の細胞壁が厚くなる厚膜（こうまく）〔厚壁（こうへき）〕胞子などもあります。）このカビたちは、胞子が発芽し菌糸となり、受精をおこない、次の世代の胞子をつくるという一連のサイクル、つまり、有性世代の生活環を経ずにその一生を送ります。常に、無性世代を繰り返すのみで、有性世代を表さないことから、不完全な生活環を繰り返す菌たちとして、

子のう菌の仲間　ネオサルトリア属の生活史

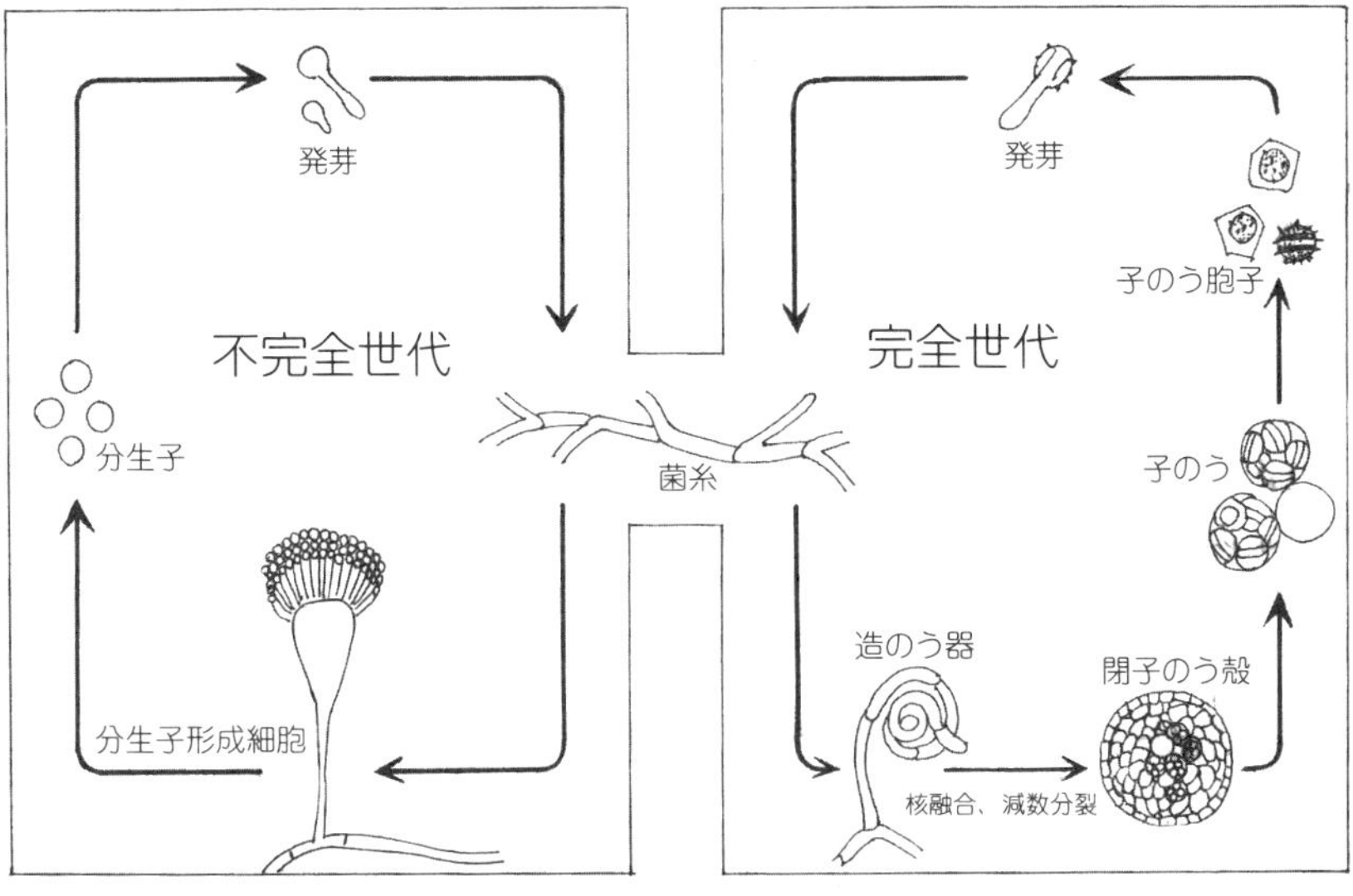

不完全菌類と名付けられています。不完全菌類とはあくまで便宜的に作られたグループで、別の扱いにされています。最近、分子生物学が進み、無性世代だけの不完全菌類も遺伝子を調べることによって、有性世代の存在するカビとの関係がはっきり分かるようになってきました。いずれは全ての不完全菌類の所属が明らかにされ、現在のように別のグループとして取り扱う必要がなくなることでしょう。

ところで、なぜ無性世代しか分からないカビたちがいるのでしょうか？生き物が自然の中で暮らしていくとき、大変厳しい条件に見舞われることがあります。それを乗り越え、子孫を残していくために、生き物たちはさまざまな工夫をしています。カビ達に着目してみましょう。カビ達が有性生殖でつくる胞子は一般に発芽率が低く、多くはすぐには発芽できません。その胞子たちは休眠状態となっており、自然界の厳しい条件が過ぎた後、何かのスイッチが入るときに発芽ができるようになっています。

ところが、自然界に厳しい条件にさらされること無く暮らしていける条件を獲得した菌たちにとっては、わざわざ有性生殖をする必要がなくなってしまいます。そのような幸せな生活条件を勝ち取った菌たちは有性世代を忘れ、無性世代を繰り返すようになったと考えられています。その例として、この水虫菌があります。

先ほど水虫菌の仲間の多くはアルスロデルマ属に属すると言いましたが、有性生殖が確認されていない菌は、不完全菌類のトリコフィートン属やミクロスポルム属に分類されます。これらの菌の不完全時代は大変ユニークで、全然違う形をした二種類の分生子を作ります。つまり、大変大きな大分生子と小さな小分生子の集まりが顕微鏡の中で見られます。これらの菌を初めて顕微鏡で見るとき、二種類の違ったカビが生えているのではないかと勘違（かんちが）いしてしまいそうになると思います。同じ仲間でも有性生殖が確認されるか否かで名前（属名）が違ってしまいます。ちょっとややこしいのですが、カビには生活する状態、まわりの環境によっていろいろな顔がある（多様性）と考えてください。そして、カビ達は自然界の中で自分たちが担当する仕事をいろいろな形となって一所懸命遂行しているのです。

ところで、多くのカビでは雌雄（しゆう）が同体で、どちらが雄（おす）でどちらが雌（めす）といえないホモタリズムという性が普通ですが、水虫の仲間にはヘテロタリズム（雌雄異株）の菌が多くいます。雌雄異株の菌とは、樹木でいうなら、イチョウのように、雄株と雌株が別になっている菌のことです。つまり、水虫の仲間の多くは良き伴侶を見つけられない限り、有性生殖は営めません。ちょっと専門的になってしまいますが、実はカビやキノコはもう少し複雑で、単純には雌雄では表せません。例えば、二極性の場合でも、どちらが雄株で、どちらが雌株かは分かっていませんので、プラス（＋）とマイナス（－）で表わすか、Ａ（ラージＡ）とａ（スモールａ）で表わします。まして、キノコは四極性といって、A_1、A_2、B_1、B_2のように四つの性に分かれるのが普通ですのでより複雑になっていきます。

人間や動物に付く水虫菌の仲間は三〇種ほどあるそうですが、人ではほとんどが二種類の菌で占められます。一般にカサカサした水虫が全体の七～八割を占め（原因菌・トリコフィートン・ルブラム）、他の二割は水泡タイプ（原因菌・トリコフィートン・メンタグロフィデス）です。そのほかの菌が原因になることは珍しい症例となるようです。人間の水虫の七～八割がトリコフィートン・ルブラムですが、この菌はかわいそうに未だに良き伴侶が見つかっていないカビなのです。つまり、有性生殖が確認されていません。ちょっと寂しいのですが、独身貴族なのです。

この菌は遥か昔のご先祖様の時代には土の中で暮らしていたので、素敵な伴侶がいたのかもしれませんが、進化の途中で相手を忘れ去ってしまいました。トリコフィートン・ルブラムは、人の生活の中に溶け込み、人に密着して暮らすことで、有性生殖を行わなくても気楽に生きていけることを知りました。はじめは、〝ここにもケラチンがあるぞ。食べちゃおう！〟ということになったのでしょうが、

思いのほか居心地が良かったのでしょう。そうして、人から人へと移って暮らすという高度な才能を獲得した賢いカビに進化していったのです。

この菌を培地の入ったペトリ皿（シャーレ）で培養し、顕微鏡で観察するとき、私はこの菌がビロード状の白色の菌糸を優雅にまとう姿を見て〝奇麗な容姿をしているな！〟と何時も感じるのです。私は抗カビ試験に使用するため皮膚科のお医者さんにこの二菌をよくいただくのですが、いただいた菌を人工培地の上に接種して培養することを繰り返していくと（継代培養）、菌の調子もだんだん悪くなってしまいます。また、感染能力についてもやはり植え継ぎを繰り返すと低下していくようです。一般に、サブロー・ブドウ糖寒天培地と言ってペプトンとブドウ糖を主とした培地を使いますが、私達はサブロー・ブドウ糖寒天培地を水で十倍に希釈し、塩類を少し添加した培地を使い保存しています。こうすることで菌が元気な状態で保存できるようです。栄養が良すぎるとあまりよくない状態に陥るということは人間も菌たちも同じなのかもしれません。

もともと、水虫の病気は靴を履く習慣のある西洋の人々の病であったそうです。日本には無縁のものだったようで、江戸時代までは存在しなかったようです。鎖国が終わり、明治になって西洋から靴を履く習慣が入ってきました。そのころから水虫が見られるようになったといいます。特に軍隊では、長時間靴を履き続けることが多く、また、風呂にも入れない状態が続くという状態から、あっという間に流行していきました。私の父のしつこい水虫もやはり海軍でかかったということでした。父は水虫と入れ歯は水を大切に使う海軍の誇りと言ってはばかりませんでした。今の私たちにはなかなかイメージし難いのですが、船乗りにとって水は大切なものだったのです。いったん船で航海に出たならば、次の停泊地に行くまで水の補給は出来ません。今のように海水を真水に変える装置はないのですから、本当に大切なものだったことと思います。

ところで、水虫はどこに付くのでしょうか。皮膚は表皮、真皮と、皮下の三層からなっています。その表皮はさらに四つの層から成り立っていますが、その一番外側にある角質層に水虫菌は取り付きます。そしてケラチン分解酵素のケラチナーゼを作り出し、角質を溶かし、それを食べながら菌糸を伸ばし、生長をしていきます。水虫菌に取り付かれた皮膚側は、はじめ目立った反応は起こしません。角質層はすでに死んだ細胞、つまり垢の部分なので異物が進入したとて生きた細胞まで入り込まなければ免疫反応も起こらないのです。

しかし感染が進むと水虫菌も益々元気となり、酵素や老廃物もたくさん出すようになります。その結果、角質層の下の生きている細胞を刺激することになります。そのことから人間の体は異物の侵入と認知して、防御反応を取り始め、かゆみを感じるようになります。免疫応答が開始されますと、角質に取り付き意気揚々と生活しはじめた水虫菌も皮膚からの反撃を受け始めます。人間の皮膚では、赤くなったり水疱を形成したり、さらに皮がむけたり、ただれるというような水虫独特の症状が現れてきます。皮膚の炎症が進むにつれ、水虫菌は血液の中や組織液中につくられた殺菌物質や白血球の攻撃を受け、つらい状態となっていきます。このままでは水虫菌はやられてしまいます。

水虫菌はもともとそれほど強い菌ではありません。ただ、ケラチン質が大好きなだけです。そこで、体得した変身の術を使うときとなるのです。水虫菌は自らの菌糸を太くし、短い間隔で仕切りを作り始めます。菌糸に節（ふし）が出来、仕切られた節は一つ一つ丸く膨らんで、やがてばらばらに分かれ、球状の細胞となります。これは水虫菌の耐久細胞と言い、菌糸の時より抵抗力があり、生体からの攻撃にも耐えられる厚膜細胞となっています。そうして休眠状態に入ります。水虫菌は生体の中に入り込みながら休眠状態となると、白血球たちには水虫たちが急に見えなくなるのか、いなくなったと思うか分かりませんが、そこで攻撃を打ち切ってしまいます。その結果、炎症がおさまって行き

ます。

時が経ち、炎症が治まると、それが分かるのか、耐久細胞となった水虫菌は再び発芽して菌糸を伸ばしはじめます。そうして、再び角質を食べ始めるのです。このように水虫菌たちは、皮膚の一番外側の表皮で生体からの攻撃に堪え忍びつつ、土壌での状態と異なった厚膜細胞という変身の術を巧みに使いながらほそぼそと生活しているのです*。

水虫について書いてきましたが、やはり水虫菌は人間にとっては嫌われ者になってしまいます。しかし、命に別状のある病気ではありませんし、我々人間が、足を良く洗い、清潔に保ち、風通しの良い状態を心がけるならば、大きな感染には繋がりません。それよりも、自然界にはこの水虫の仲間がいなくなると大変なことになってしまうことを覚えておいて欲しいのです。動物には夏と冬で体毛が抜け替わるものがいます。その抜け毛を土に還すのは土の中に暮らすケラチン分解菌たちです。彼らは体毛などのケラチン質を再び生物が使える状態に分解してくれるのです。動植物の死体を分解し、それ

*宇田川俊一・椿啓介ほか著『菌類図鑑　上・下』講談社
宮治誠著『カビ博士奮闘記』講談社
宮治誠著『人に棲みつくカビの話』草思社

を土に帰す働きをし、生物が再び資源として利用し易い土壌を提供する役割を担って(にな)いるのは、多くの微生物たちです。本来水虫菌類も人間に病気を引き起こすためにいるのではなく、多くの菌類と共に地球の清掃係兼原材料調達係の一員として、その使命を遂行していたのです。

菌類は、自然界の中で様々な生活を営ん(いとな)でいます。自然の摂理は片寄らず常に秩序整然として互いに生かし合いの営みを送っています。人間から見ると、一見汚いように見える者も、大きな自然の中では必要なものばかりなのです。

カビたちの葉っぱの上の物語

新緑が目立つころ、森に出かけて深呼吸は如何でしょうか？　森林浴でフィトンチット（森の木々たちが作り出して空気中に放出する物質で微生物の生育を抑え、健康によいと言われている）やマイナスイオンを体全体で浴びることで、心も体もリフレッシュできると思います。遠くの山まで出かけなくとも、近くの公園や鎮守の森でも気持ちの良い時間を過ごせるのではないでしょうか。アニメ映画の「となりのトトロ」の中に出て来る鎮守の森は素晴らしいですね。日本人が昔から培ってきた自然との調和の精神を感じさせてくれます。家族みんなで森にでかけ、新鮮な空気の中、お弁当を広げるのもなかなか楽しいものです。美味しいお弁当がさらに美味しく感じられることでしょう。

さて、森に入って気が付くことがあります。前年の秋、あれだけ積もった枯れ葉のじゅうたん……何処に行ってしまったのでしょうか?

去年の秋を思い出してみましょう。日本の秋は美しく、深緑に混じった紅葉、黄葉の見事な競演

は、なかなか他の国では見られない光景です。そして、頭の上からは枯れ葉がハラハラと、そして、足の下には色鮮やかな多くの落ち葉がありました。ところが、冬を越し、春過ぎて新緑のころとなると、森の中にあれほどあった落ち葉の層がすっかり消え、足元にはわずかに原形を残す落ち葉たちが土に返る寸前の状態となっていることに気づきます。

いろいろな時期に野山を散策してみると、さまざまな分解段階の落ち葉たちがあることがわかります。落ちたばかりの葉、少し虫に食われかけた葉や黒ずんだ葉、分解が進んですでに葉脈しか残っていない葉など様々です。それら色々な葉を集め、ペトリ皿（シャーレ）に入れて湿らせておくと、そこにはさまざまなカビ達が顔を出してきます。葉の上のカビ達を観察していくと、落ち葉の種類と葉の分解段階の違いで、そこに現われてくるカビたちのグループに違いがあることが分かります。カビにもそれぞれ好む葉があり、好む分解段階の状態があることに気づきます。自然の中で、葉っぱ一枚分解されるにも、そこにはさまざまなドラマがあることが見えてきます。

それでは落ち葉の上のカビの移り変わり（遷移）をもう少し詳しく見てみ

ましょう。秋、枯れ葉が舞い始める頃、葉の上では風に運ばれたカビたちによって、すでにこれから始まる落ち葉の分解物語が始められています。植物の葉や枝には種々のカビたちが付着し生活しています。葉面菌類（ようめんきんるい）といって葉の老化が始まると葉面のカビはそろそろ自分たちの出番かと勢いを増し、葉の表面にあるワックスを溶かし、葉の中へ侵入し始めます。これらのカビは落ち葉と一緒に地上に落ち、そのまま葉っぱの分解にあたります。

　落葉。枯れ葉が地上に落ちた後、土壌からもその葉にすぐに取り付いてくるカビがいます（第一次落葉分解腐生菌（ふせいきん））。落ち葉は葉面から来たカビと土壌から来たカビ、さらには土の中にすむ昆虫や土壌動物、その他多くの生きものたちが協力して、分解されていきます。菌たちはセルロースを分解しつつ植物細胞の中の栄養物を吸収・利用していきます。彼らの中には分解した養分を食べ、短期間で成長して、大あわてで子孫の胞子を作って去っていくものもあります。

　せっかちグループの活躍が終わるころ、次のグループの菌たちが現れてきます。これらの菌たちは比較的ゆっくり生育する第二次落葉分解腐生菌で、色々な機能を持った菌たちがいます。彼らは葉の中のより分解し難い複雑な有機物を分解する役目を担っています。菌たちは自分の得意な分野を担当し少しずつ葉っぱを分解していきます。

　このようにして落ち葉は分解され、最後に木質部分の葉脈（ようみゃく）だけが残ります。この残った木質部はタンパク質やセルロースなどと異なるリグニンという大変分解し難い高分子化合物からできており、通常の微生物ではなかなか分解され難い物質です。このリグニンを好んで分解・利用する菌がいます。その役目を担うのがキノコの仲間（落葉分解担子菌（たんしきん））で、落ち葉の分解の最後に、このキノコたちが現れてくるのです。

　しかし、実はもっと以前からキノコは落葉の分解に取り組んでいるのです。キノコの中にはセルロースを分解してリグニンを残すものがいます。このようなキノコが働くと樹木が腐って褐色（かっしょく）となります（褐色腐れ）。一方、リグニンを専門に分解するキノコが働いたときには樹木は白色腐れになります。リグニンが残ったときには褐色に、セルロースが残ったときには白色になるのです。両者の協力があって始めて枯れた木々たちが土に還っていくことが

できるのです。落ち葉の分解にもこれらのキノコが協力します。彼らは決して最後に突然現われてくるのではないのです。

みなさんが森の中で古くなった枯れ葉の集まりを見つけたなら、ちょっと上の枯れ葉の端をつまみ上げてみてください。枯れ葉と枯れ葉の間には白い菌糸のようなものが見えませんか。キノコの傘は見えませんが、大変ゆっくりではありますが、着実に少しずつ自分の担当をこなしているキノコたちに会うことが出来ます。

キノコたちはこのように菌糸の状態で活躍しているときが、最も活発に働いている時期なのです。ゆっくりとした生長はキノコ自身の個性です。生長の速さを他の菌と比較するならば負けてしまうかもしれませんが、リグニンを分解することで生活できるのはキノコのほかにはほとんどありません。そうしてキノコたちは自分のペースに合わせ少しずつセルロースやリグニンを食べて分解していくのです。

やがて時期が来るとキノコはそこに傘（子実体）を開きます。このキノコの傘はキノコ自身が自分の担当する役目を終え、次の世代にバトン・タッチをするための最期の姿なのです。傘に出来た胞子たち（種子）は次の場での活躍を誓い分散していきます。胞子の分散を終え、役目を終えた子実体には、やがて昆虫や土壌動物（線虫、ダニなど）、土の中の細菌や放線菌、カビたちが取り付きます。そしてこの虫や微生物達みんなでキノコの子実体を分解し森の土壌に還していきます。このころになると落ち葉の層はボロボロになり、粉のような状態となっていきます。粉々になった落ち葉の更なる分解、そしてその利用は土壌微生物や植物たちにゆだねられていきます。

今お話ししたように菌たちの遷移は行われていきますが、枯れ葉の上の菌の遷移は、木の種類、気候や周囲の条件で大きく変動してきます。また、きちんと仕分けされたものでなく、色々な微生物（キノコも菌糸の形で）が入り交じりながら少しずつ遷移をとげていきます。しかし、枯れ葉の上に登場する菌たちが個々別々に働いても、また登場する場面が大きく異なっても、枯れ葉の分解はきれいに成り立ちません。彼らが自分達の持ち場をしっかり担い、みんなで協力し、さらにそのほかの虫たち、色々な生き物としっかり協力して、葉っぱを肥沃（ひよく）な土壌に還（かえ）すことが出来るのです。落ち葉の分解に関わる微生物たちみんながそれぞれに大切な役割を担っているのです。

ところで、菌たちの寿命を少し考えてみましょう。一番始めに出てきたカビたちは葉の表面の植物性の栄養物を分解して生活しているカビ達と言いましたが、それらはケカビ（接合菌類）や不完全菌類のカビ達がほとんどです。それらの菌たちに共通しているのは寿命の短いところです。はじめに出てくる菌たちは速いスピードで生長します。それに対し、葉の分解段階の最後の頃に傘を作ることでその存在がわかるキノコたちはゆっくりと生長を続ける菌類です。*

それぞれの菌にはそれぞれの時間があり、持ち時間に合った程度の生長をします。それによって分解の順序立てが上手に作られているようです。

葉っぱ一枚にも楽しいドラマが見られます。菌たちの遷移を考えるとき、無駄なものは何一つなく、かつそれぞれ独特な個性・能力を持っていることを教えられます。我々人間も菌たちと同じくみんなそれぞれに個性豊かな能力を持ち、かつ使命を持ってこの世に誕生しているのだと思えてきます。

*宇田川俊一・椿啓介ほか著『菌類図鑑　上・下』講談社
椿啓介著『カビの不思議』筑摩書房

我々も菌たちにまけず世の中のお役に立つ仕事を見つけて頑張りましょう。

カビたちと暮らす

カビという言葉から季節を連想すると、梅雨の時期になるのでしょうか。日本には四季があり、四季折々の素晴らしさがあります。北海道を除く各地は六月ごろに梅雨という季節を迎えます。

ある年の入梅時期、ある先生の前で、私は「六月、梅雨、何だか憂鬱な気がしますね」と言いました。その先生は「でも、梅雨ってとても奇麗な言葉ですね！　梅の雨なんて素敵ですね」と言われました。そのとき、観方を変えればすべてのものが素晴らしく観えてくるということを教えていただいたことを覚えています。

そういえば、童謡の中にも楽しそうな雨の歌がたくさんあります。

〝雨　雨　ふれふれ　かあさんが
蛇の目でお迎えうれしいな
ピッチピッチ　チャップチャップ　ランランラン〟
（「アメフリ」　北原白秋作詞、中山晋平作曲）

また「てるてる坊主」の歌などを歌いながら、雨の日も楽しく遊んでいた子どものころを思い出します。長靴を履いてわざと水溜りを歩いたり、雨水の流れを土や石で止めてダムを造ってみたりと、楽しかったことを覚えています。みなさんは如何だったでしょうか。

さて、この梅雨の時期、カビたちは残念ながらあまり良い役には見られません。長雨が続き、湿度が高いこの時期を「黴雨（ばいう）」と書くときもあるくらいです。そこで、ちょっと見方を変え、住環境に住むカビに焦点を当ててみましょう。

恐ろしい急性の食中毒は細菌やウイルスが問題になる場合がほとんどで、

カビの生産する毒素が問題となることはほとんどありません。しかし、カビ毒の中にはガンなどの成人病の原因になるものもあり、ちょっと注意が必要なものもあります。特にアフラトキシンというカビ毒は熱帯地方の農作物に発生するカビによって作られます。最近は多くの食材を輸入品に頼っていますのでちょっと注意が必要に思います。

一方、カビが家の中で発芽・増殖すると、壁が腐食されたり、衣類やカーテンなどの繊維製品、さらに皮や金属までもが汚染・劣化され、住まいの美観が損(そこ)なわれたり、さらにはその耐久性も低下し、問題となります。カビ臭は嫌な臭(にお)いですし、野外の空気と一緒に飛んでくる黒いカビ、アルテルナリアやクラドスポリウム属などの胞子の数が異常に多くなると、人に喘息(ぜんそく)を誘発させる恐れも出てきます。

カビの胞子は花粉と同じく、目にはみえませんが、常に空中に漂っていて、その侵入を防ぐことはできません。そして、条件が揃(そろ)えば胞子はその場所で発芽し、菌糸を伸ばし、生長し、やがてまた胞子を形成します。そうして浴室の壁に見られる状態になると「カビが生えている」とわかるようになります。

カビの胞子はやがて風などによって、菌糸から離れて空気中に漂うか、ダニなどの助けを借りて、分散していきます。カビの住みやすい場所は、気密性が高く、空気の動きも少ないところで、二五度前後に保たれ、湿気が逃げ難く、水蒸気が結露(けつろ)し易(やす)い場所、さらに汚れなど、カビの食糧のある場所です。

ある年代以上の方は、昭和四八年に起こったトイレットペーパー騒動を覚えておられることでしょう。そのころ、日本は第一次オイルショックに見舞われました。そして、色々なところでエネルギーの省力化が叫ばれました。国民全体が省エネに協力すべく動いていたような気もします。その中で、住宅建築の面からも、建築工法が見直され、保温のために断熱材ボードやアルミサッシ窓などの新建材を取り入れた気密性の高い構造の省エネルギー住宅が提案され、普及していきました。現在では、マンションに代表されるように、気密性が大変良く、さらに、エアコンの普及・発達により、ほとんど外気を取り入れずに、室内温度を一定に保つようになっています。梅雨期や夏でも部屋の中は除湿された涼しい環境が実現し冬には部屋全体が暖かく快適な住環境が実現しました。

大変快適な住いとなりましたが、冬場は室内温度と外気温との差が大きくなり、窓などは結露を起こし易い状態となっています。そのため、窓枠やカーテン等にカビの発芽・増殖が見られるなどの、私たちが暮らす家の中での菌類の増殖・被害（室内真菌汚染）が問題になってきました。

ハタキがけもカビの発芽を防ぐ手段です。

人間が快適に過ごせる室温は、カビにとっても快適な温度になります。一般住宅のハウスダスト中におけるカビ検出菌数の月別調査結果では、八月に最高菌数を示し、その後、外気温の低下に伴い菌数は低下し、一一月頃に最小となります。その後、室内暖房が始まる一二月頃から再び菌数は上昇に転じ、三～四月に再び最高菌数を示す二峰型のパターンを示すことが分かってきました。*

日本の戸外における浮遊真菌調査では、六月に大きなピークとなる一峰型のパターンですが、室内ハウスダスト中での菌数は二峰型を示しました。この様になる原因はやはり暖房による結露現象と、その結露面でのカビの増殖によるものと考えられています。冬場は室内換気も不足がちとなり、エアコンの空気取入れ部分にカビが繁殖しますと、胞子をばらまく機械となってしまいます。エアコンの空気の取り入れ部分が黒ずんでいるのを見かけることがありませんか。あの黒い部分にはカビの胞子も多く見られますから、定期的にフィルターを掃除した方が良いと思います。

カビによっては乾いたところを好むカビもおり、それを好むダニが餌(えさ)を求めて集まってきます。ダニの種類によっては死骸がアレルギーの原因にもなり、ときとして問題となることがあります。

*宇田川俊一「Jpn. J. Med. Mycol.」1994, 35（4）, p375—383, 日本医真菌学会

昔の日本の家は木材やわら（畳床など）、紙（障子、唐紙など）等でできておりました。浴室や煮炊き(にた)を行う台所は別棟(べつむね)にある家もかなりありました。家々は扉や縁側を開放しておくことが多く、空気が室内に淀(よど)むことはあまりありませんでした。さらに、朝夕かならずハタキを掛け、掃除をしていました。こうした家はカビにとってあまり住みやすいものではありません。空気の流通が良いうえ、木材、紙、わらなどの建材が、空気中の余分な水分を吸い取ってくれ、また、逆に空気が乾燥してくれれば、水分を放出するという特性を持ち、自然に湿度をコントロールするため、カビが発芽する条件が揃い難いのです。長雨が続く梅雨には、窓を閉め切りがちになり、湿度も高くなりますが、チャンスを見つけて、窓を開け、空気の流通に努めていました。昔の人はカビの発生し易い場合でも、その発生をうまく押さえる工夫をしてきました*。

先ほど、カビの胞子は常に、そして何処にでもあると言いました。山の奥の新鮮な空気の中でも、そこにいるべきカビの胞子が風の間に間に漂(ただよ)っているのです。そして条件が整(ととの)ったとき発芽・増殖してきます。現代の住環境・

＊神野節子「biosphere」1992（1），p3―4，農村文化社

設備は昔に比べ大変発達し、便利になりました。この様な中、カビ胞子を発芽出来ない環境にするには、換気を十分にして、空気の流通を良くし、やはり、こまめに掃除をすることが素敵な住環境を作る基本と思います。

本来、カビ達はいらなくなったものや使わなくなったものを自然にもどす働きをしてくれる、いわば我々の味方なのです。だから、我々は自分達が暮らしている家に感謝し、我家を愛し、可愛がり、大切にしてあげることです。掃除を怠らなければ、カビに振り回されることは決してありませんから。

糞の上のカビ物語

ちょっとびっくりのタイトルでしょうか？　私たちはものを食べ、そして消化・吸収できなかったものを排泄物として体外に出しています。糞とはおいいいい、米が異なると書きますが、まさにその通りと感心させられる文字ですね。日本では、数十年前まで糞（ふん）は利用価値の高いものとして、農作物への肥料等に使われてきました。江戸時代は非常にすぐれた循環社会で、江戸近郊の農村、たとえば川越あたりで作られた農作物は川舟で江戸へ運ばれ、その帰り舟には江戸で回収された糞尿が積まれて、農地に還っていました。しかし、近代社会になって衛生面が重視され、徐々に下水道が完備され、水洗トイレが使われるようになり、人間の排泄物は利用されずに水に流して終わる時代となりました。衛生上は大変な進歩ですが、エネルギー的には、捨てるにはもったいない有機資源のように思えます。文明が進んだのでしょうが、非効率な時代となったようです。

ところで、自然の中ではどのようにして糞が土に還って行くのでしょうか。そこには土壌動物とともに微生物の活躍が見られます。

昆虫のお話としては次のような面白いというか、当時は笑うことの出来ない大変な出来事があったそうです。

昔、オーストラリアにイギリス人が移民して来たころの話です。そのころ、オーストラリアには牛や羊がいませんでした。移民してきた人たちは食生活を急に変えられません。出来る限り移民前と同じような食生活をしたいと

牛や羊を持ち込みました。牧場を作り、それらを放牧したのです。ところが大変、それらの牧場が牛や羊の糞だらけになってしまったのです。

これは当時オーストラリア大陸には牛や羊の糞を旺盛に食べ、それらを分解してくれる昆虫がいなかったのです。糞を食べ、分解する昆虫といえば蝿(はえ)ぐらいしかいません。蝿には大量の糞の分解は当然無理だったのです。そこで、当時の知恵者が、アフリカ原産のコガネムシの仲間（一般に糞虫と言われるそうです）を持ち込んだそうです。それが効を奏したのか、やがて牧場の糞は消え、牛や羊の放牧が出来るようになったということです。*

＊出島利明著『図解雑学 昆虫の科学』ナツメ社

糞虫たちの活躍は素晴らしいものがありますね。この様なエピソードがあるということは、糞は昆虫の専門家にとって宝の山といったところなのでしょうか。

カビの研究者の中でも糞は大切な研究材料の一つです。糞は菌類の世界全体を勉強するには〝きわめて良い材料である〟と言われ、昔から研究の対象とされ、糞上に発生する菌類について多くの研究が行われて来ました。かつて、私は門外漢でありながら、ありがたいことに元日本菌学会会長の宇田川俊一先生の研究室で直接教えていただく機会を得ることが出来ました。そのとき、糞(ふん)生菌(せいきん)という言葉を始めて耳にしたのです。

先生は「草食動物の糞のほうが菌類の種類が豊富です」と言われ、乾燥してあるニホンカモシカや野うさぎなどの糞、さらには遠くペルーの四千メートルの高地で採集したラマ、アルパカや羊たちの糞と、色々な糞を冷蔵庫から取り出し、いかにも大切そうに私に渡されるのでした。野にある糞は単なる糞ですが、研究室

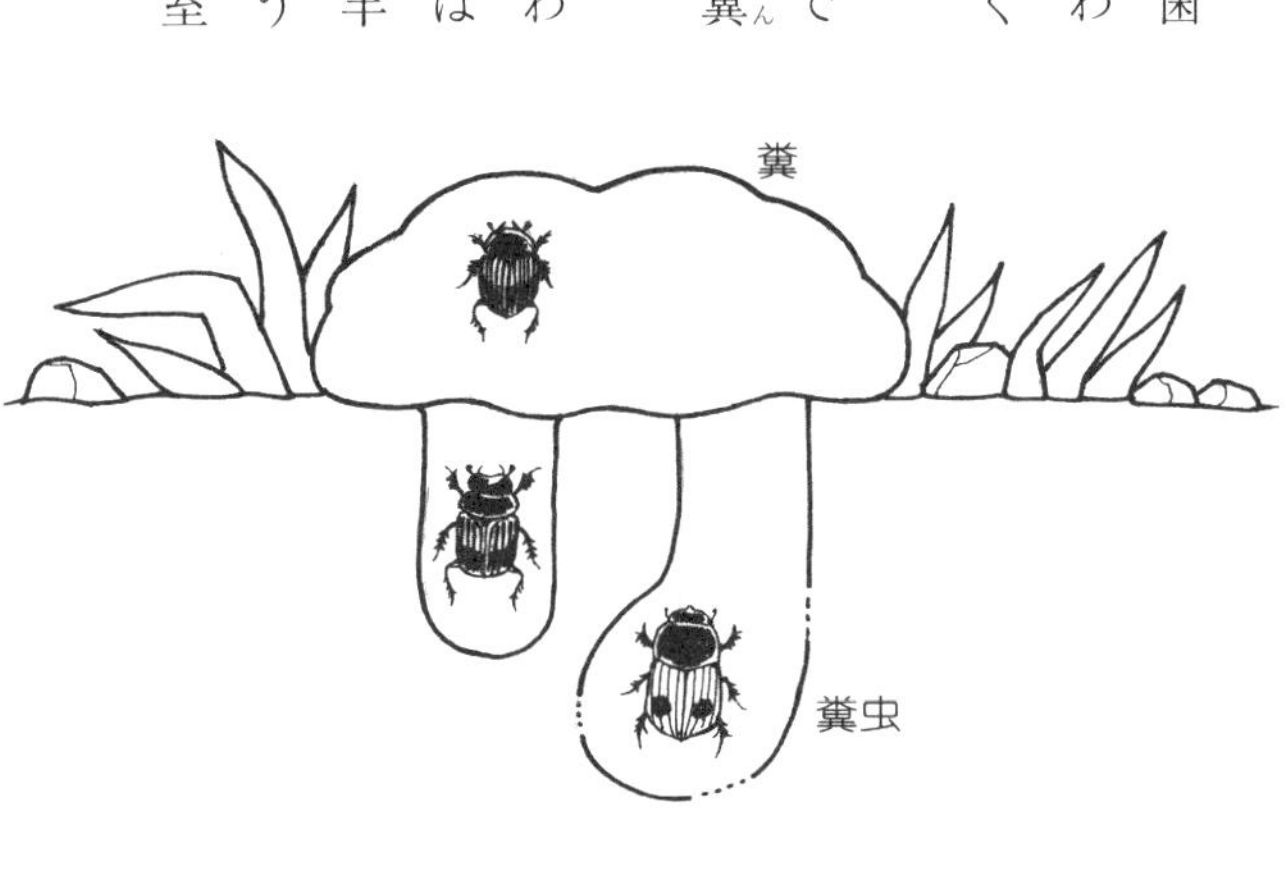

に運び込まれたその糞は単なる糞ではありません。どんな発見がそこにあるか、分からないのですから。先生にとっても先の糞虫専門家と同じく、糞はやはり宝物だったのです。私はその大切な糞を使い、糞生菌の研究を行う手伝いをさせてもらいました。研究のお手伝いをしているうちに、今まで見たことのない色々な菌をいっぱい見ることが出来、大変楽しい時期を過ごすことができました。糞の上に出現する菌たちを目のあたりに見て、大変感激し、こういう面白い菌たちをいつでも見られたらと、中古ですが、顕微鏡まで買ってしまうほど糞の上の菌たちは魅力的でした。

糞生菌の研究には、出来るだけ新鮮な糞を確保することがポイントとなります。皆さんも予想が付くと思いますが、糞の誕生後、周りの気象条件にも影響されつつ、すぐに菌たちは行動を開始します。そうして糞の分解は進んでいきます。そのことを考えると、古くなった糞については、一見、形はしっかりしているようですが、雨にさらされて養分が流されたり、すでに昆虫や多くの菌たちが糞上に出現して糞の栄養分を分解・利用したりした後かもしれません。そのようなことを考えると、多くの菌たちの観察は期待でき難くなります。つまり、糞生菌の研究も、ポイントは当然ながら新鮮な糞を探すことにあります。そうは言うものの、いざ糞探しということになると、新鮮な動物の糞を探すことは素人には大変難しい仕事になります。犬や猫の糞を見つけることは簡単にできるでしょうが、自然の中で野生動物の糞を探すことは、しかも新鮮な糞を探すことは並大抵ではありません。

ところが、糞生菌の専門家は、動物の行動が良く分かるようで、ビックリするほどあっさりと糞を見つけてしまいます。当然、私は糞探しは出来ませんので、糞を探す努力無しで、先生から糞をいただき、ちゃっかり面白い菌をいっぱい見せていただいたというわけなのです。

皆さんの中に糞上の菌を見てみたいと思われる方がいましたら、是非糞の上で繰り広げられるドラマを楽しんでいただきたいと思います。先ほどは材料の調達が大変であると言いましたが、放牧した家畜の糞でも十分色々な菌が観察できます。奈良公園のシカの糞はごく簡単に採集できます。このように放牧してあるものの糞で一度試してみては如何でしょうか。ただし、一つ注意をお願いします。肉食、雑食性の野生動物の糞や鳥の糞は衛生上問題が起きる可能性が大きいので取り扱わないようお願いします。

糞の上に現れる菌たちを観察するには、高さ四～五センチメートルの深皿シャーレを用意し、園芸店で売っている水蘚（みずごけ）を水で湿らせたものを二～三センチほどの厚さに詰め、ろ紙を水蘚の上にのせ、その上に採集した糞を置いて蓋をします。適度に光が入る窓際（北側の窓など）に置いて観察を始めます。四～五日すると糞の上がにぎやかになり、一週間目ぐらいから、糞の上に様々な菌が現れてきます。顕微鏡で糞を観察すると、時々線虫が顔を出しビックリする時もありますが、なかなか奇麗な菌たちが目の前に見られます。そして、培養開始から六～八週ほど経つと、しっかりしていた糞はぼろぼろになってきます。

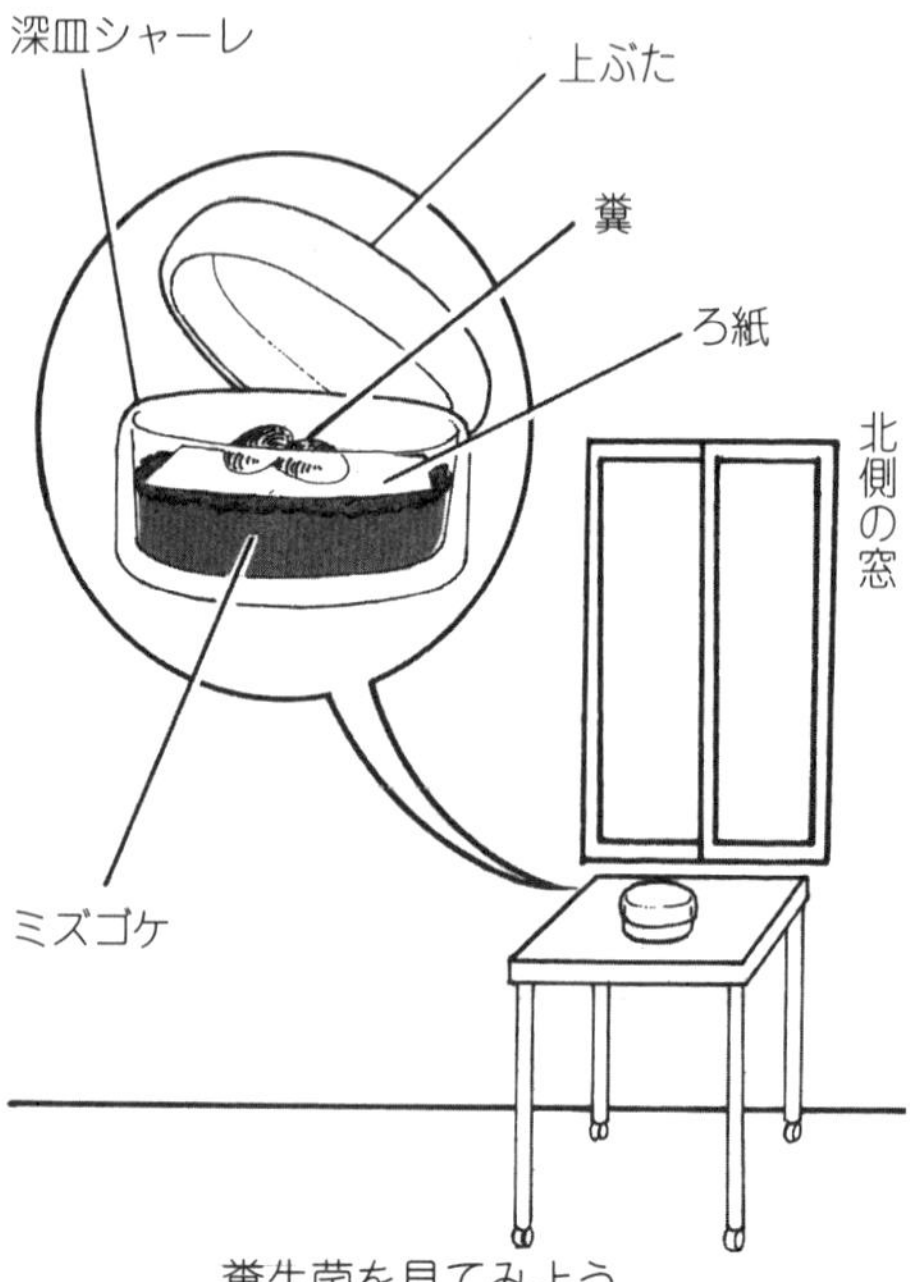

糞生菌を見てみよう

さて、糞生菌とはどんな素性のカビたちなのでしょうか。彼らは草の上や土壌中では普通発芽出来ませんが、草などに付着した胞子が草と一緒に草食動物に食べられ、その動物の消化管を通過し、糞と一緒に排泄された時、時宜（じき）を得たかのように、糞の上で発芽する菌たちです。実際には、糞上に現れて来る菌たちすべてがこのカテゴリーに当てはまるわけではありませんが、糞生菌と呼ばれる菌たちは動物の消化管を通過しないと発芽できないものが多いようです。その結果、彼らは糞の上で発芽・生長して、時期が来ると子実体を作ってその中に胞子を作ります。そうして十分熟すと胞子を草の上に分散し、再び草と一緒に動物たちに食べられるのを気長に待つのです。

菌たちは色々なアイデアを持って胞子を広い範囲に蒔く工夫をしています。菌によってはこの小さな胞子を一メートル以上も離れた所まで飛ばすメカニズムを持つものがあるそうです。子孫を残すために、再び動物たちに食べてもらう機会を多く作るためにと考えた智恵なのでしょう。

話が少し横道にそれますが、私はこの糞性菌たちのことを思うとき、ドードーの話を思い出します。

アフリカ大陸の東側にマダガスカルがあります。そのまた東、インド洋上の西南部にあるモーリシャス島でのお話です。今から三〇〇年ほど前にこの島に生息していたドードーという鳥が絶滅（ぜつめつ）しました。モーリシャス島は十六世紀の始めにポルトガル人によって発見され、一五九八年オランダ領となり、この地に人間の入植が始まります。その頃まで、ドードーは楽しく平和に過ごしていたことでしょう。しかし、どっと押し寄せてきた入植者たちの前に、空を飛べず、動きも緩慢（かんまん）なドードーは一世紀を経（へ）ずして、一六八一

モーリシャス島にいたドードー（想像図）

年最後の一羽がモーリシャス島から姿を消し絶滅してしまいました。

さらに話は続きます。このドードー達がいなくなってから三〇〇年後の今、モーリシャスに自生するアカテツ科の一つの樹が絶滅の危機に瀕（ひん）していることが分かってきました。その木は果実をつけるが、その実からの芽生えがありません。そうして三百年の間、次世代の若木がまったく存在しないまま現在に至っていたのです。

ドードーの絶滅とその樹木との間に何の関係があるかわかりませんでしたが、最近になってその原因が分かってきました。この樹は大変硬い実をつけますが、ドードー達はその実を食べていました。そして、この実はドードーの消化管を通ることによって発芽が出来る状態となるのでした。ドードーがいなくなってしまった今、その木は自然の状態で子孫を残すことが出来なくなってしまったのです。*

現在、専門家たちのアイデアにより、七面鳥をドードーの代わりに使い、ある程度の効果を挙げているそうです。七面鳥がその木の実が好きならば良いのですが、好きでないとしたら、ちょっとかわいそうな気がしますね。

＊深海浩「化学」1991, 46 (1), p54—57

このアカテツ科の木の実も糞生菌と同じく動物の消化管を通過しないと発芽できませんでした。何のためにそのようなシステムになったかわかりませんが、生物の進化の過程で、そのときはこのシステムが子孫繁栄のために最も良い方法だったのでしょう。研究が進んでいくうちにその理由も解明されていくことと思います。自然は全てが関連し合いながらよりみんなが調和した状態になるように動いているのですから。

ところで、糞の上に現れる菌たちは相談しあったわけではないのでしょうが、糞の上に一定の順序にしたがって現れて来ます。動物の新鮮な糞の中には消化されずに残ったブドウ糖などの単純な糖類があります。はじめにそれらを食べる菌が頑張ります。その代表的な菌類はやはりケカビ達（接合菌類：老酒やテンペはこの菌類の仲間によって作られる）

ケカビの仲間　クモノスカビ属の生活史

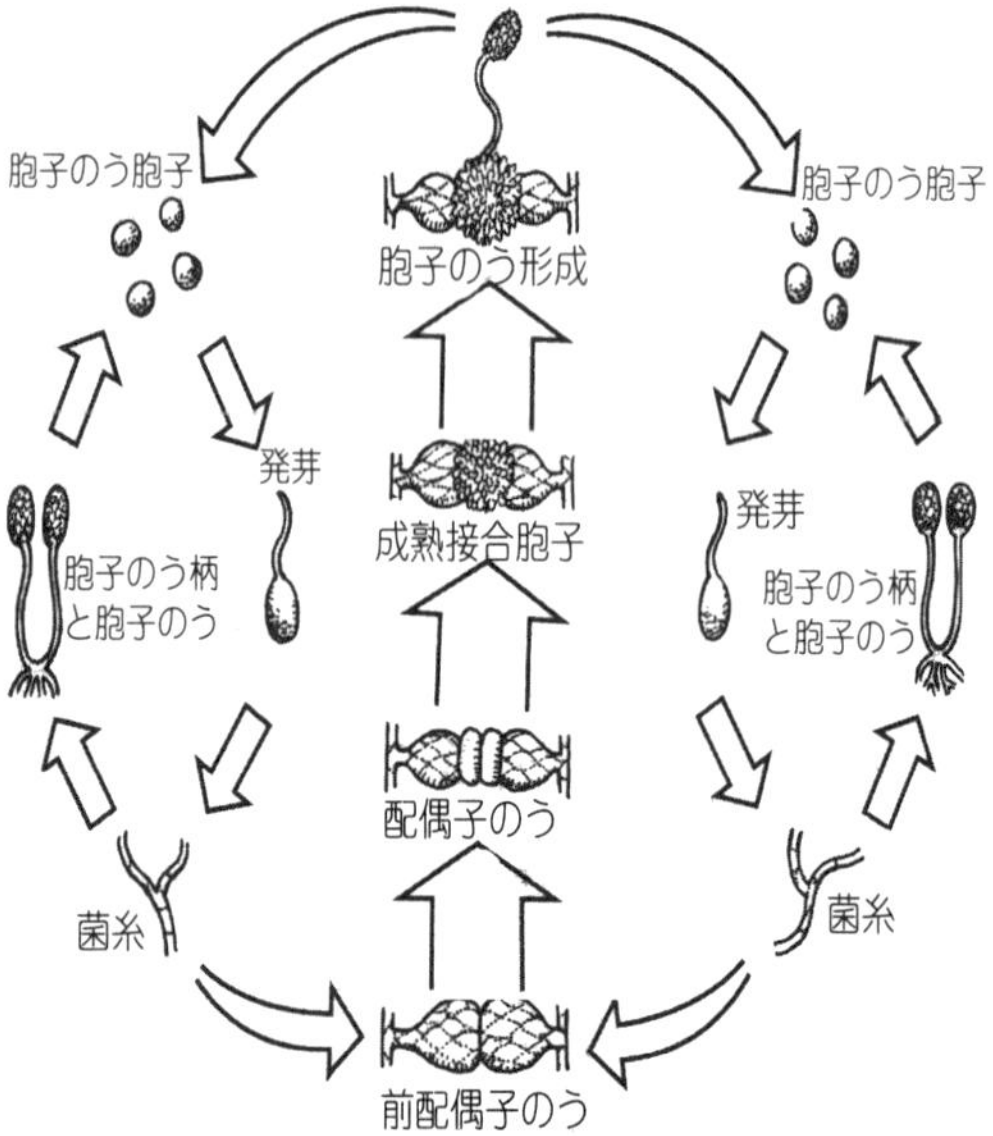

です。やがて単純な糖類が糞の中になくなると、彼らは胞子を作り子孫を残して、自然に見えなくなっていきます。ブドウ糖が連なって出来ているセルロースなどの分解は出来ないので、ここで彼らの任務は終了となります。

草食動物の糞の中にはまだ多くの繊維質のセルロースなどが残っています。次に、その糞の上に現れてくる菌たちはそれらを分解・利用出来る不完全菌類（有性生殖が確認されていない菌たち）や子のう菌類（有性生殖して実を作るコウジカビ類や青カビ類はこの仲間）です。そして、最後に糞の中に残るリグニン類を担子菌類（多くのキノコはこの仲間）が分解・利用します。糞上で観られる菌たちの遷移のドラマは、先に触れた落葉上で観られた落葉分解腐生菌類による遷移現象（菌が一定の順序にしたがって現れる現象）よりはるかにクリアに観察出来ます。

糞上に現れる菌たちの遷移の過程で、同じような仕事をする似た者同士の菌たちは糞上でどのように発生してくるのでしょうか。糞を良く観察してみると、一種類の菌が発生すると、その周辺は同一の菌で覆われることが多くあります。多くの種類の菌が糞上に存在するときでも、だいたい菌の種類ごとに集落を作っています。この事から、菌が発芽するとその菌が他の菌を発芽させないために、発芽を抑制する物質を生産するのではと考えられています。事実、この事に着目したカナダやアメリカの研究グループは糞生菌類から抗生物質を分離する研究を行い、成果をあげています*。しかし、これらの物質は菌の発芽はしっかり抑えるものの、菌を完全に殺してしまう力はそれほど強くないようです。私には、似たもの同士の菌たちが糞の上で自分の生産する化合物を使ってコミュニケーションをしている様に感じられます。「今回は、私たちにこの糞の分解、任せてね」と言っているのでしょう。

菌たちは、ほかの微生物や線虫などの動物と協力して、糞を豊かで肥沃な土壌に還す一連の作業を担っています。彼らはそれぞれ自分達の役目が終ると胞子を作り、それを分散して次の菌たちにバトンを渡していきます。まかれた胞子は発芽出来る機会が来るまで静かに休眠することになります。野うさぎの糞は小指の先ほどの大きさです。こんな小さな糞の上にも生き生きとした自然の営みを垣間見ることが出来るのです。自然の奥深さははかりしれません。

*J. B.Gloer et. al.「J. Org. Chem.」1988, 53, 4567—4569 ほか

松枯れ病菌

カナダのロッキー山脈には多くのロッジポールマツ（松の一種）の木があります。以前よりこの松の松枯れが深刻な問題でした。カナダの研究チームはこの病気の原因を調査し、ある種のカビが松枯れを引き起こしていることを明らかにしました。日本でも赤松や黒松の林での松枯れは深刻な問題になっています。日本の松枯れの一つの原因はマツノマダラカミキリが〝松の材線虫(ざいせんちゅう)〟を媒介し、その線虫により松枯れが発生するといわれています[*]。子供の頃、私はクワガタ以上にカミキリ虫が大好きで、カミキリ虫を捕まえると嬉しくてたまらなかったのですが、このカミキリ虫が嫌われ者になってしまいました。私には、カミキリ虫が少しかわいそうに思えます。

さて、カナダのロッジポールマツの松枯れは、キクイムシの仲間デンドロクトナス・ポンテローサ（*Dendroctonus ponderosae*）が媒介昆虫となり、線虫ではなくオフィオストマ属のカビを媒介して松枯れを引き起こします。

＊仁井一禎、岩掘英晶「biosphere」1992, (8), p5―10, 農村文化社

ロッジポールマツへの菌の接種実験の結果、オフィオストマ・クラビジェラム（*Ophiostoma clavigerum*）が特に強い松枯れを引き起こす原因菌であることが明らかとなりました。[*]ところで、これらの病原菌を媒介するキクイムシとは樹木に穴を開け、樹皮下にトンネルを作り、その中で生活する穿孔虫のことであり、一センチメートルにも満たない大きさですが、樹木に大きな被害を与える甲虫たちです。

このキクイムシ＝デンドロクトナス・ポンテローサは口の奥に持つ菌嚢（きんのう）という器官にオフィオストマ属菌類の胞子を沢山持ち、その菌たちの運び屋となります。夏、キクイムシは枯れてしまった松の巣から旅立ち、生きた松を攻撃し、その樹皮に穴を開けて皮下に入ります。このとき、キクイムシからカビ達が自然に松の材に植え付けられ、菌は生長を開始します。一方、松は松脂（まつやに）を出して応戦して来ますが、オフィオストマ属菌類の生長が速ければ松脂の出も鈍（にぶ）ります。松に入ったメスは樹皮下で六十〜八十個の卵を産みつけます。卵は二週間で孵（かえ）り、幼虫のまま冬を越し、翌年の春の終わりにさなぎになります。そして七月の中旬ころ、成虫となったキクイムシは再び生きた

＊Y. Yamaoka, *et al.* 「Can. J. For. Res.」 1990, 20, p31—36

キクイムシの攻撃と季節

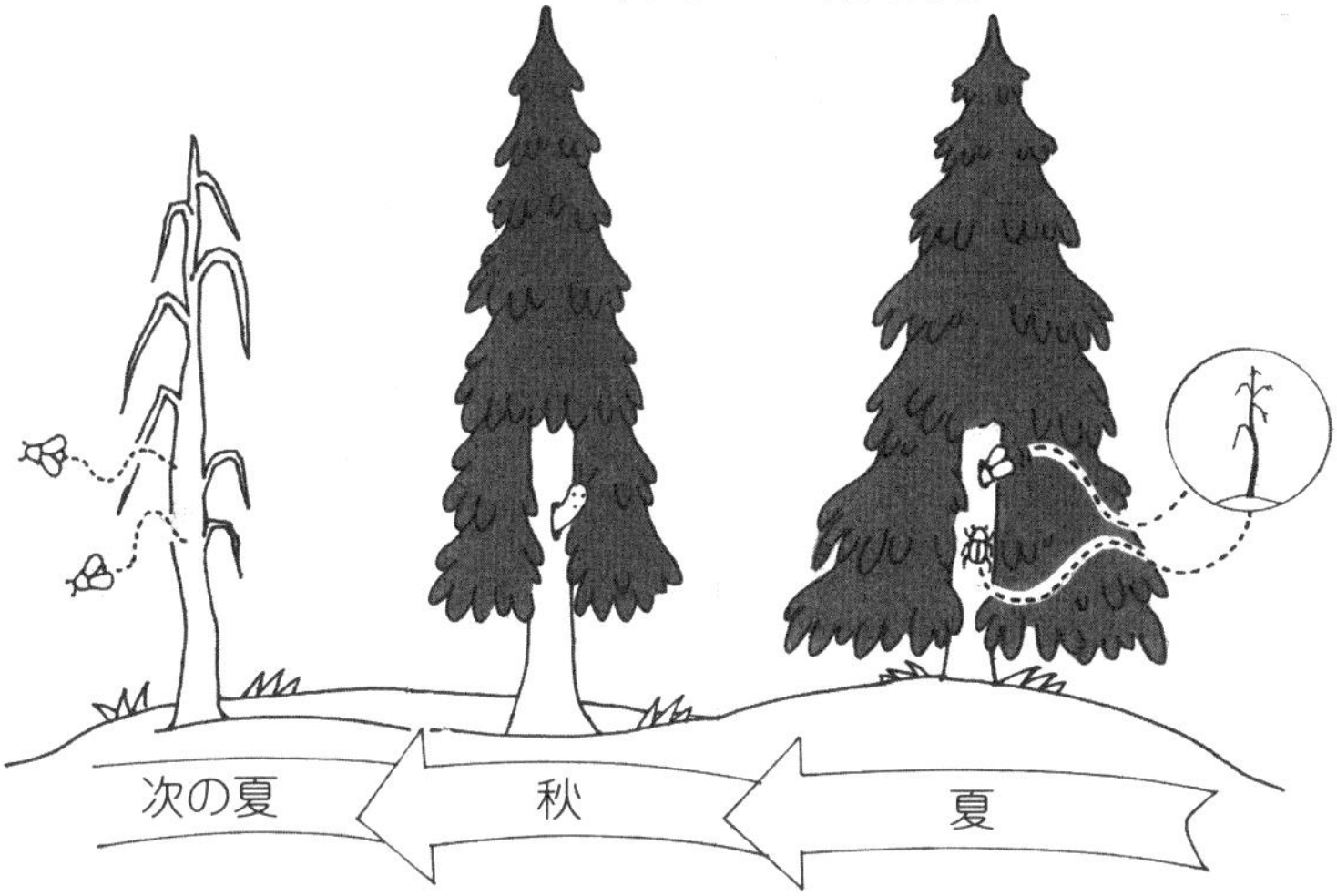

松を目指して飛び立ちます。

オフィオストマ属のカビ達はその間生長を続け、松の辺材部にまで達し、水の吸い上げを止めます。キクイムシの攻撃を受けた樹木はその年の秋、冬にはまだ緑を保ちますが、翌年の夏には赤く枯れた松がロッキーの山に立つことになります。枯れたロッジポールマツを輪切りにしてみると、木の辺材の部分が青く変色しています。このように辺材部を青く変色させるため、このカビ達は青変菌と呼ばれています。

何が原因で松は水を吸い上げなくなったのでしょうか。この研究は、今から十数年前にカナダのアルバータ大学エイヤー（W. A. Ayer）教授のグループとカナダ国北方森林研究所の平塚先生の研究グループとの共同で行われていました。そして、平塚クループで研究していた山岡先生（現筑波大学助教授）によってロッジポールマツの病気の原因菌が確認されました。その頃、私はカナダへ留学する機会を得、エイヤー教授のグループに参加する機会を得ました。そして、ロッジポールマツが水を吸い上げられなくなって枯れる原因の究明を行うこととなりました。色々調査した結果、このキクイムシと共にいるオフィオストマ属のカビ達が生産する代謝産物の中に水の吸い上げを止めさせる物質が存在するのではないかということになりました。

水の吸い上げを止めることを見る活性試験は山岡先生に行っていただきました。その実験には、ロッジポールマツの幼樹の一部を使うこととなりました。このマツの種子はそのままでは発芽できません。予め熱処理をすることによって発芽できる状態にしたマツの種子を蒔き、四週間おきます。生長したマツを適当に切って活性試験用サンプルを入れた水にさします。二日後、その水溶液に少量の赤インクを滴らし、一週間後に判定します。試験に用いたサンプル中に水の吸い上げを止める物質が存在するならば、茎や葉は赤くならないことになります。

私たちはオフィオストマ・クラビジェラムが生産する、水の吸い上げを止める物質の分離を開始しました。始めは、分子量千以下の低分子で脂溶性の化合物と想定しましたが、活性物質は予想に反し、水溶性部分にあり、しかも一万程度の分子量を持つ高分子であることがわかりきました。色々の分離条件を検討しているうちに、その活性本体がポリサッカライド（多糖）類であることが分かってきました。

残念ながら、私は帰国の時期が来てしまいましたので、それ以上の研究の進展にはタッチしていません。また、この菌は病原菌ですので輸入して研究を続行することもできませんでした。その後、この研究は先へは進められていませんので、活性原因物質の構造については残念ながらそれ以上のことは分っていません。

私たちは一時期、オフィオストマ・クラビジェラムが水の吸い上げを止める物質を生産することから、その物質の分離により、植物の水の吸い上げ機構の更なる解明に繋がるのではないかと楽しみにしたのですが、その活性本体がポリサッカライドであったことから、現在ではその活性本体が寒天状になるなどして水が通る仮道管部分を物理的に塞ぐように作用するものと推定しています。

日本においても、最近、北海道の阿寒国立公園内でカナダのロッキーで起こっているロッジポールマツの病気と同じような枯れかたをするエゾマツが見つかったそうです。そして、その周辺のエゾマツの森に被害が出ているようです。エゾマツに侵入するキクイムシはヤツバキクイムシという種で、やはり、ロッジポールマツの時と同じく、菌を媒介するそうです。ただし、マツバキクイムシと共に生活する菌はロッジポールマツを攻撃するキクイムシ（デンドロクトナス・ポンテローサ）の菌囊（きんのう）にいる種類と異なるセラトシスティス属の菌のようです。このキクイムシも夏にエゾマツの樹に侵入します。この虫は菌囊を持ちませんが、体についているセラトシスティス属の菌がエゾマツへの食入時に自然に接種され、ロッジポールマツの時と同じく、水の吸い上げが止まります。ただし、ロッジポールマツの病気と異なり、エゾマツはその年の夏の終りに枯れてしまうそうです。*

＊山岡裕一「日本菌学会会報」1999, 40（1）, p25—28

ところで、ロッジポールマツやエゾマツの森の中では、森の木々たちが一斉にキクイムシ達に攻撃されているようには見えません。虫たちはアタックする樹をまるで選んでいるかのようです。キクイムシ達は何を目印にして攻撃する樹を選ぶのでしょうか。ここに示したロッジポールマツやエゾマツを攻撃するキクイムシ達についてはまだその解明はされていませんが、いくつかのキクイムシについて、その加害の発生過程が米国の研究グループによって調べられています。ここでそれらについて紹介しましょう。

キクイムシは越冬後、新生活を求めて飛び立ちます。彼らは寄主植物を見つけ、最も攻撃しやすそうな部位を見つけ、そこから食入します。キクイムシによる寄主植物の発見には二種類の方法が確認されてい

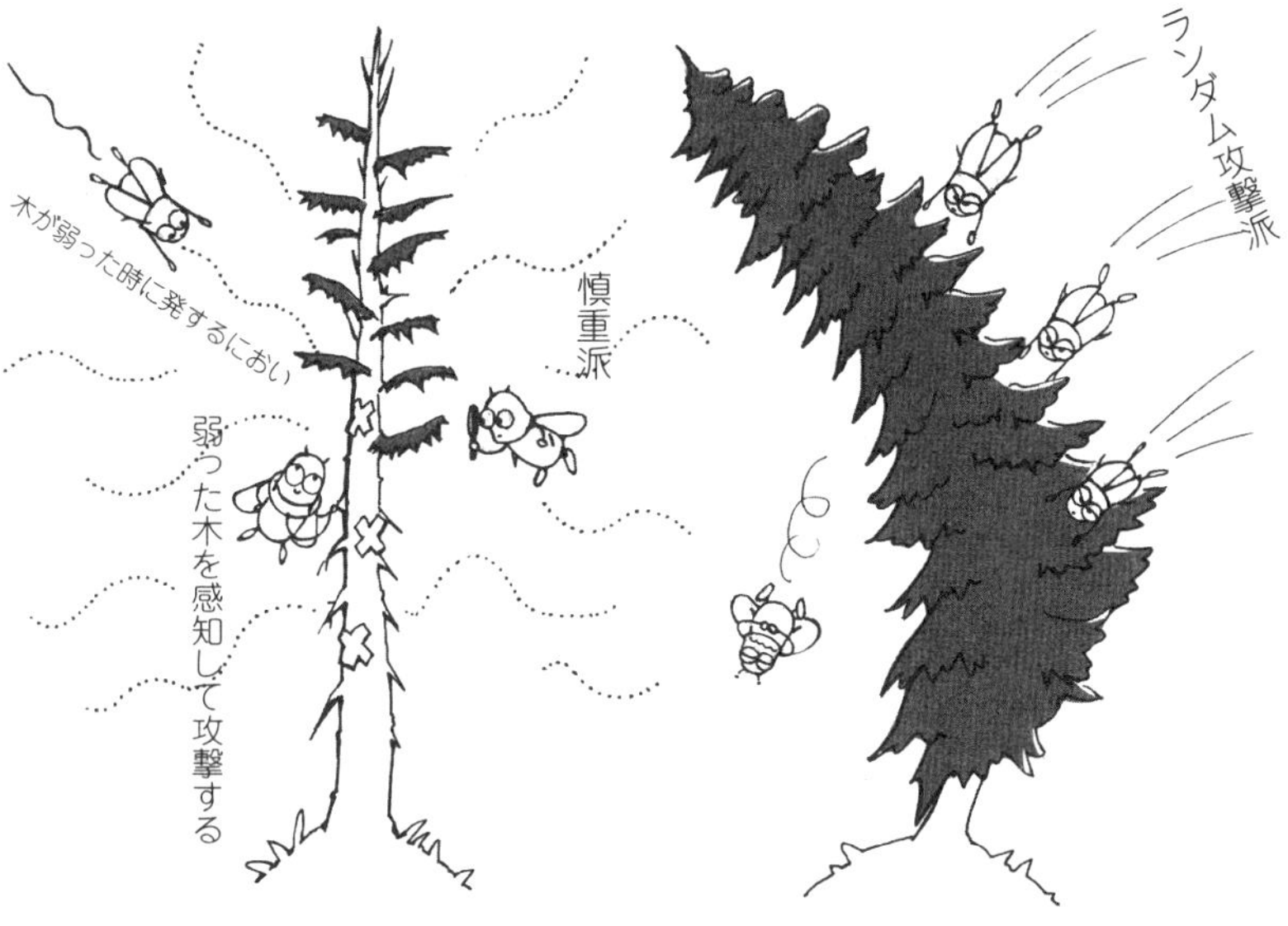

ます。その一つは開拓者（パイオニア）と呼ばれる先発隊が弱った寄主植物から発せられる揮発性物質を感知して攻撃目標を見つけていく場合と、もう一つは、ランダムに樹木を選び、樹皮に食入を試み、樹木の反応を吟味する場合があるようです。どちらの場合も寄主植物からは松脂（まつやに）の大量反撃を受ける可能性がありますが、後者の場合は正常な樹木に食入してしまうこともありますので、特に先発隊自身は命がけの行動となります。

　寄主植物にアタックをかける開拓者はキクイムシの属や種によって様々ですが、デンドロクトナス属のキクイムシ達では開拓者がメスであり、イプス属ではオスがそれを担当します。ちなみに、オスが開拓者となるイプス属では弱った樹木が発する揮発性物質を手がかりに慎重に攻撃目標を選び、メスが開拓者となるデンドロクトナス属のキクイムシ達は危険を伴うランダム攻撃を敢行します。ただし、デンドロクトナス属のキクイムシのメスたちもむやみに樹木を攻撃するのではなく、一本の木を一日がかりで吟味した後に攻撃をしていくとのことです。ロッジポールマツを攻撃するキクイムシはデンドロクトナス属の仲間ですので後者の攻撃の方法をとるようです。つまり、

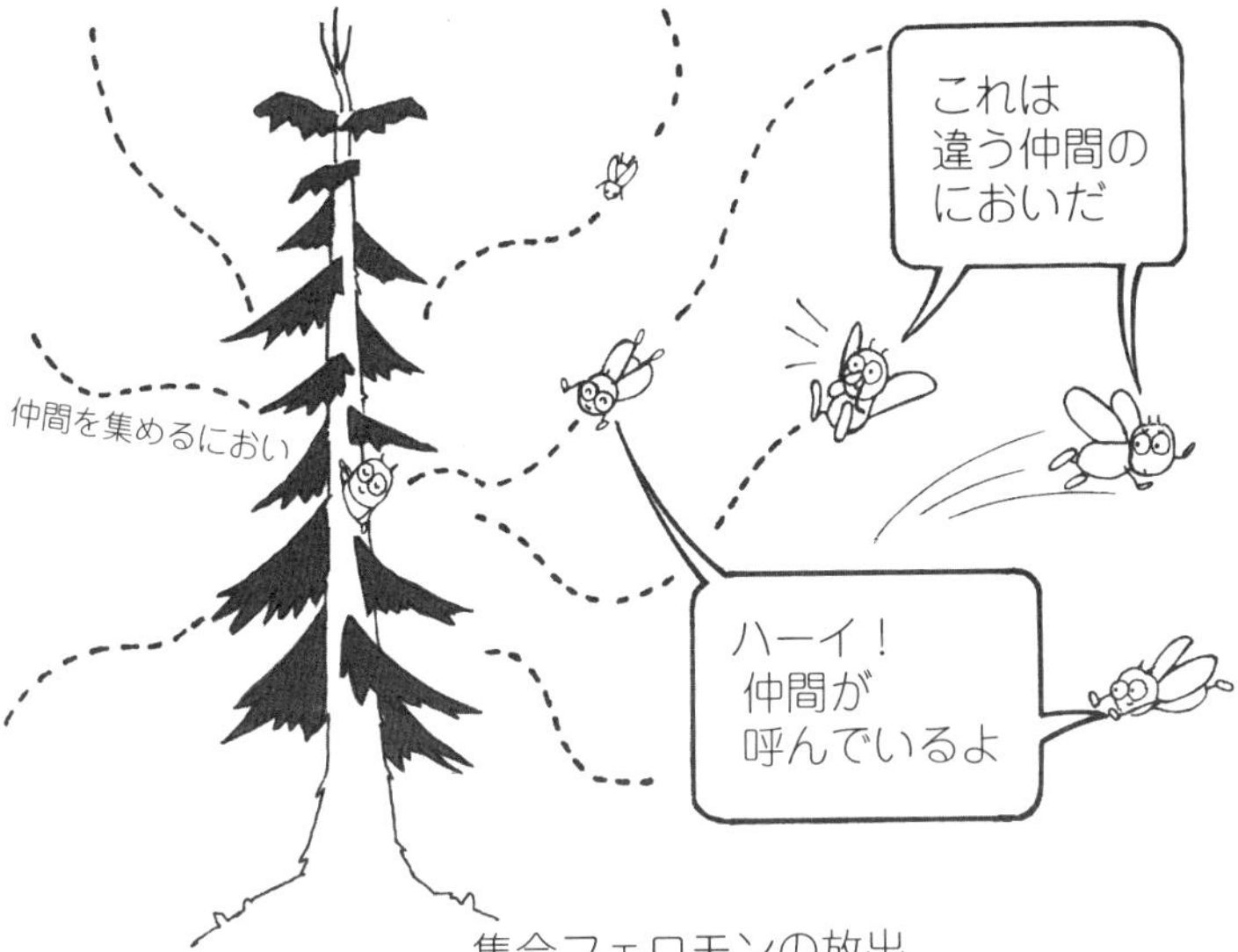

集合フェロモンの放出

先発隊はメス達で、慎重にかつ果敢にランダム攻撃を敢行していくグループです。

このようにして開拓者によって寄主植物が見つけられ、樹木への食入が成功します。次に開拓者たちは食入に成功した樹木に仲間を呼び寄せるために集合フェロモン（仲間の虫たちを誘引し、集団を形成・維持する効果を持つフェロモン）を放出するのです。キクイムシ類による寄主植物への集中攻撃は、開拓者たちのこの集合フェロモンの放出に始まります。

以後の過程については、細かく調べられているポンテローサマツを加害するキクイムシ、イプス・パラコンフサス（*Ips paraconfusus*）を例にとって説明してみましょう。

樹木への集中攻撃は開拓者の集合フェロモンの放出に始まりますが、イプス・パラコンフサスの開拓者のオスたちが弱っている樹木のにおいを嗅ぎ付け、その樹木にアタックをかけ、食入します。キクイムシは木を食べ自分たちの住処を築いていきます。食べた樹木の中にはモノテルペン類のミルセンという揮発性成分が含まれています。キクイムシはそのミルセンを含む材を食べるとキクイムシの糞等の排泄物や分泌物の中にその化合物が変換された、（＋）−イプスジエノールと（−）−イプセノールという物質が排泄されてきます。また、木の中に多く含まれているα−ピネンをシス−ベルベノールに変えて排出します。これら体外に出された揮発性の化合物がアタックされた樹木の周りに漂い、集合フェロモンの働きをするのです。すなわち、これらの化合物の匂いがキクイムシの雌や雄を大量に誘引し、寄主植物への集中攻撃となります。面白いことに右に示した化合物は一種類だけでは集合フェロモンの働きをしません。右の三つの化合物が適当な比率に混ざり合ったときに、その混合物は強い集合フェロモンの働きをするのです。

森の中には多くのキクイムシの仲間がいます。それでは、集中攻撃のとき、他のキクイムシはなぜ参加しないのでしょうか、みなさんは不思議に思いませんか？　それではその種あかしをします。ポンテローサマツを食害するキクイムシには先に述べたイプス・パラコンフサスの他にイプス・ピニというキクイムシがいますが、その集合フェロモンは（－）－イプスジエノールであります。イプス・パラコンフサスの集合フェロモンの一つの（＋）－イプスジエノールの鏡像体（鏡に映した形）が、イプス・ピニの集合フェロモンとなります。イプス・ピニにとっては、イプス・パラコンフサスの集合フェロモンであ

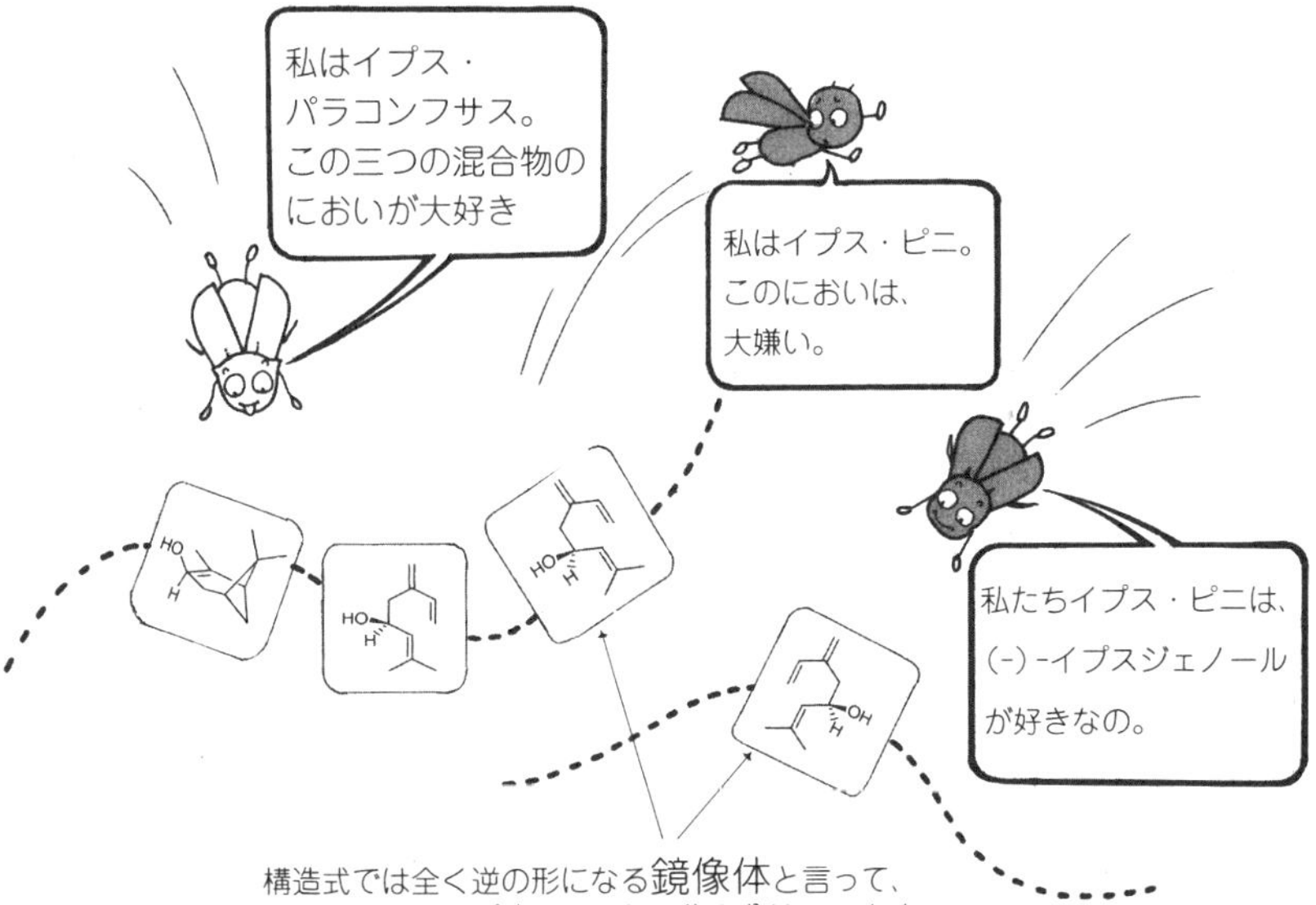
私はイプス・
パラコンフサス。
この三つの混合物の
においが大好き
私はイプス・ピニ。
このにおいは、
大嫌い。
私たちイプス・ピニは、
(-)-イプスジェノール
が好きなの。
HO
H
OH
構造式では全く逆の形になる鏡像体と言って、
種によって好みが違い、これで住み分けています。

る（＋）―イプスジエノールは逆に大嫌いな匂いとなっています。少々説明がごちゃごちゃしてしまいましたが、一方にとっては集合フェロモンとなり、もう一方にとっては逆に忌避物質となっているということです。このように、環境に放出される化学物質がそれを感知する生物によって様々な情報として使われていることが分かります*。

ポンテローサマツを攻撃する虫たちは、微妙な匂いをかぎ分けて、弱った松を見つけて、それにアタックしていきます。元気な松を攻撃しないのは松脂という武器で松から反撃を受けることを知っているかのようです。ロッジポールマツを攻撃のはランダム攻撃派の虫たちですが、この虫たちも攻撃目標を慎重に吟味し、食入します。虫が材に入り込み、卵を産み付けると同時に、菌類は新たなえさ場で繁殖を開始します。松は、外敵に対しては一所懸命対抗します。しかし、菌類が生育しはじめると松も徐々に弱りはじめ、松脂攻撃も弱まって行き、卵がその松脂に覆われて死滅することが少なくなります。このように、このキクイムシとオフィオストマ属の菌たちとの間には互いに生かし合いの関係になっています。絶妙なチーム・ワークと言ったと

＊古前恒監修『化学生態学への招待』三共出版

ころですね。

ただこれは、松にとっては困ったことです。しかし、ちょっと待って下さい。昔、ロッジポールマツの世代交代には山火事が一役買っていました。松などの種子は発芽には加温が必要なものがあり、そのような種子では通常の状態では発芽しません。山火事が起きてはじめてその種子がはじけて飛び散り、発芽します。山火事は山の生き物みんなを困らせますが、ロッジポールマツには適当な世代交代のチャンスを与えていました。最近、森林パトロールがしっかりし、山火事が減りました。自然保護という面からは素晴らしい業績をあげています。しかし、ロッジポールマツの森林は長寿になるにつれ、山火事の代りに、デンドロクトナス・ポンテローサというキクイムシの攻撃が多くなりました。虫たちは樹齢が長くても元気な松は攻撃しませんが、一気に加齢が進んだ松林には弱った松も多くなります。そこに虫たちが食入していったようです。虫たちは元気のなくなった松たちを整理し、森を次世代へ繋げる役目をしているのかもしれません。自然の生態系をよく調査して自然保護を考えれば虫たちの大発生も収まることでしょう。自然はそのままで調和しているのですから。

菌類の世界を簡単に紹介してきました。このカビやキノコの世界は、決して菌たちだけの世界ではなく、いろいろな生き物たちの触れ合いの場であり、それらが一体となって、調和した世界を築き上げています。人間から見ると汚ならしかったり、人間の作った作物に害を与えたりと、嫌われ者のカビたちもいますが、彼らも神様から本来の使命を頂き、それぞれの持ち場で活躍している菌たちなのです。

それでは次の章から少しまとまったお話を紹介いたしましょう。

第三章　森に学ぶ

天然のダム

緑豊かな森と美味しい水に恵まれた国、日本。この国土は多くの人々が森を大切にし、森と共に生きてきたことによって生まれてきました。

日本の国土はユーラシア大陸の東岸に位置し、世界有数の多雨地帯であるアジアモンスーン地帯に属しています。降水量は全国平均で年約一七五〇ミリメートルと、世界の陸地平均年降水量の約九七〇ミリメートルの二倍弱であり、数字の上では、日本は大変豊かな水資源を保有しているようにみえます。しかし、すべての地域にまんべんなく雨が降るわけではありません。また、時間的にも偏(かたよ)りが非常に強く、降水はほとんどの地方で梅雨期や台風の時期に、また日本海側では冬季にまとまっており、それらの中間の時期、夏には大変少なくなります。さらに、日本は高い山を持つ急峻(きゅうしゅん)な地形であることから、河川は急勾配で短く、降水は短時間で一挙に流出しやすく、一日豪雨となれば水害が心配され、無降雨の時は水不足の発生が心配されました。

我々の先人達はこのことをよく理解し、水害の対策に務め、土砂崩れや土砂の流出・移動を防ぐあらゆることを考え、様々な対策を実行してきました。サボウ（砂防）という言葉はそのまま世界に通用する言葉となり、日本人が如何に土砂崩れ等の水害に対し、その方策に真剣に取り組んできたかが窺（うかが）えます。また、反対に渇水についても様々な対策を考えてきました。

それら砂防や渇水の対処のもっとも基本が、森の栄（さかえ）であり、山を大切にすることでした。森の木を切ったら必ず植える。森を守り、森の木々たちを大切にしてきたのです。自然と共に生きてきたのが日本人でありました。

それでは何故、森が出来ると洪水や渇水に対処できるようになるのでしょうか。

一般に森林内の土壌は有機質を多く含み、そのため粘着性が強く、風などに飛ばされることが無く、また、相当量の雨にも流されてしまうことがありません。さらに、森の土壌は土の容積の六～七割が空洞で、常に水か空気で満たされています。そのため、大雨のときにもかなりの雨水を吸収することが出来る構造になっています。

その森の土壌は森に住むすべての生き物たちによって作り上げられています。菌たちに着目するならば、肥沃(ひよく)な畑や森の表土(表層の有機質土壌)には、一ヘクタール当たり乾燥重量として一〜数トンの菌類バイオマス(生物量)が存在していると推定されています。* そして、表土の中の菌たちが活発に働いている森では生態系の物質循環が上手に働き、有機質に富んだ黒土がつくりあげられてきます。森の表土は長い長い時間をかけて出来上がります。たった一センチメートルの深さも百年以上の歳月をかけてつくられるそうです。十センチメートルの深さは千年の歳月がかかります。* 菌たちがいて、昆虫や土壌動物、モグラなどの動物たちもいます。森に住むすべての生き物たちの素晴らしい連係プレーで森の土壌が出来上がるのです。

森林に雨が降るとき、少量の雨水は樹冠(じゅかん)に遮(さえぎ)られて森林の土壌にたどり着きません。さらに降水量が増してはじめて森林土壌に到達します。土壌に到達した雨水は一時間当たり十〜数十センチの速さで、表層の落葉などの腐敗で出来た表土に浸透して行きます。その後、表土の下にある鉱物質土壌をさらにゆっくりと降下し、やがて土層の最下部で水流を形成し一日一メートル

*堀越孝雄「日菌報」1996, 37 (2), 69—72, 日本菌学会

*児玉浩憲著『図解雑学 生態系』ナツメ社

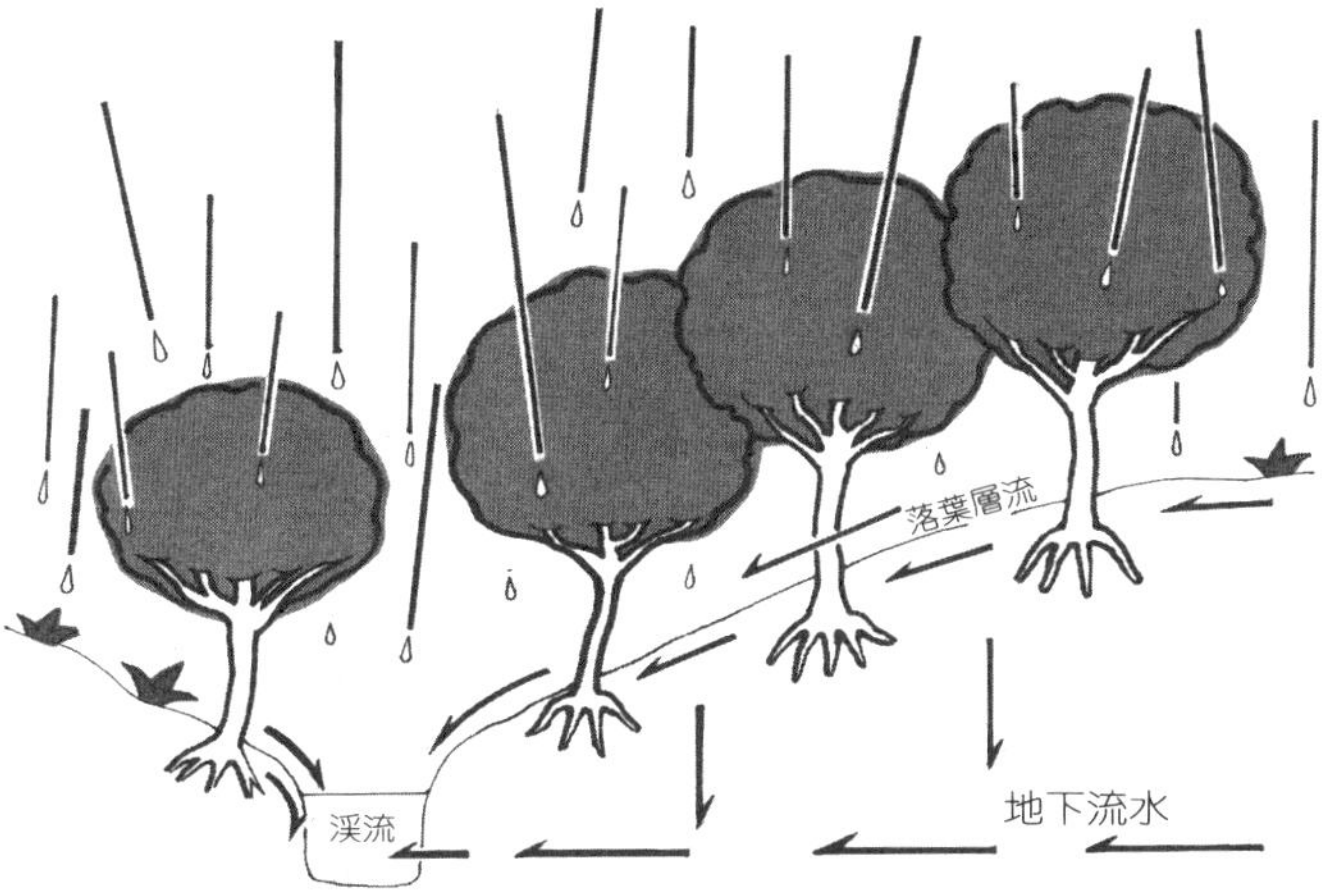

程度の速さでゆっくりと渓流へ流出するといわれています。

また、大雨の時には、土壌が持つ水を土の中へ浸透させる能力（土壌浸透能力）を超えるため、浸透しきれない水が地表面や落葉層に妨げられながら地表流、あるいは落葉層流となって流れます。これらの流れは当然地下流水より大変速いのですが、植物などが全然生育していない裸の地面よりはるかに遅い速度で移動します。

このように、森林の木々たちは雨水が地表に到達した後、いっきにその水を流出させることなく、色々な流れに分散させ、時間差をつけてゆっくりと渓流や河川の流れに合流させて行きます。その結果、雨の少ない時期にも川の流れを止めないように水を供給し、川の最大の流出量と最小の流出量の差を少なくしているのです（流出の平準化）。森林はまさに緑のダムといわれる所以がここにあるのです。*

キノコって何だろう

森林のもつ特徴はおわかりいただけたでしょう。それではただ木を植えたら森林が出来るのでしょうか。

かつて、オーストラリアやアフリカの南部（ローデシア・現ジンバブエ）などにマツなどの外来樹種を植える計画が立ち、植樹されたのですが、正常に生育せず計画は失敗に終わってしまいました。なぜ木が育たなかったのか、その研究が進み、不成功の理由がマツと共生する微生物にあることが明らかとなってきました。菌類の中には植物の根に侵入し、植物と共生するようになったものがいます。それらの菌は植物の根と互いに組織を入り組ませ「菌根（きんこん）」を作ることから菌根菌（きんこんきん）と呼ばれています（102頁以降参照）。マツと暮ら

*中野秀章ほか著『森と水のサイエンス』東京書籍
井上雅夫著『日本人の忘れもの』日本教文社

す菌根菌は外生菌根菌ですが、熱帯や南半球には少なく、わずかにユーカリ、ノトファグス、フタバガキカ科などに共生する種類がある程度のようです。マツが植えられた南半球のその土地にはマツに感染する適切な菌根菌が存在しませんでした。当然、植えられたマツには菌根の形成が見とめられず、マツは生き続けることが出来なかったのです。*

では菌根菌とは何でしょうか?

秋になると山へキノコ狩りに行かれる方も多いと思いますが、地上に出てくるキノコの中には菌根菌（外生菌根菌）が実を結んだものが多くあります。その代表者はなんといってもアカマツ林に現れるマツタケと思います。

マツタケのたくさん採れるアカマツ林の土壌は、栄養分の少ない乾燥気味の土質といわれています。昔の里山では落ち葉を堆肥（落ち葉を腐らせた肥料）として利用し、雑木は薪に利用するために切ってしまい、枯れ枝や松かさまでも燃料として使っていました。そのため、アカマツ林の土は養分の少ない、乾燥した土質でした。アカマツたちはこのようなやせた土壌では生きることが出来ず、マツタケ菌の力を借りざるを得ません。必要な養分を吸収

*小川眞「土と微生物」1999, 53 (2), p73—79

するためには、菌根菌の助けがどうしても必要になるからなのです。

アカマツ林に発生するマツタケは一般的に二十年生ほどのマツ林で発生し始め、三十～四十年生のマツで最も多くなり、その後減少していくようです。マツが元気に生長する若い時期はどうしても多くの栄養分を必要とします。そのためこの時期マツタケ菌も活発に働くことになります。

ところが、昭和の三〇年以降、山村部にも都市化の波が押し寄せ、生活様式は一変してしまいました。そのため、アカマツ林での落ち葉や枯れ枝を集めるようなことがなくなってしまいました。つまり、山のお掃除が滞るようになってしまったのです。そしてマツ林の土が肥えるとともに、他の菌たちとの競争には弱いマツタケ菌はマツ林での居場所を失いかけています。最近、マツタケが採れ難くなったということをお聞きになることがあると思いますが、それは山の土が肥えたことに起因するようです。土が肥えると徐々に広葉樹が育ち始めます。その結果、やがてはマツタケ菌だけでなく、マツたちの居場所もなくなっていくことになってしまいます。豊富なマツタケを求めるためには山のお掃除が必要ということになるようです。

アカマツ林に発生するマツタケは菌根菌の果実に当たる部分です。マツタケは菌根菌の中の外生（がいせい）菌根菌のグループに属します。この外生菌根菌たちは木の根を覆（おお）って根を保護し、樹木が吸収できない状態になっている窒素やリン酸などの養分を土から吸収し、樹木が利用できる状態にして供給しています。一方、樹木は菌根菌にお礼をすべく、葉部で作られる糖類を菌根菌に提供します。モミの一種、ダグラスモミ（*Abies amabilis*）の森で調べられた例では、森の木々たちが作り出したバイオマス（生物量）増加総量（木々たちが光合成によって作り出した糖類の総量から呼吸で消費した糖類の量を引いたもの）の一五パーセントを菌根菌に供給すると推定されています。* 樹木たちから意外と多くの炭素の栄養源が菌たちに供給されているとは思いませんか？

＊金子繁編『ブナ林をはぐくむ菌類』文一総合出版

しかし、先ほどのアフリカ南部のマツの植樹の例のように、もし菌根菌が根に感染していない状態で樹木が大きくなろうとするならば、樹木の生長は菌が感染している状態の半分にもならないどころか、その樹木は死んでしまうことさえあるのです。樹木と菌根菌はまさに生かしあいの関係にあるのです。

秋の終わりにキノコの朽ち果てた残骸を見ますが、キノコを作った菌そのものは菌糸を樹木の根にびっしり巻き付けて鞘（菌根）のようになって生き続け、さらにその周辺に多くの菌糸を張り巡らし、樹木に供給する栄養分を一所懸命集めています。そしてまた次の年、樹木から炭水化物をいっぱいもらえる時期に合わせ、多くのキノコがほとんど日にちを変えずに同じ所に顔を出してくるのです。

菌根菌

先にも述べましたが、菌類の中には、植物の根の中に進入し、植物と共生するようになったものがあります。植物の根と菌類が互いの組織を入り組ませた構造から、菌類を意味する「myco」と、植物の根を意味する「rhiza」を繋げ、「mycorrhiza」（マイコライザ・菌根）と呼ぶようになりました。

菌根を形成する菌類のことを「菌根菌」といいます。
その菌根菌たちが植物の根に菌根を作って働いている様子をもう少し詳しく見てみましょう。

植物は光合成をし、二酸化炭素を炭水化物に変換してそれを利用しています。しかし、植物も人間と同じく炭水化物だけでは生きていけません。そのほかにも必要な養分がいっぱいあります。特に体を生長させるためには窒素やリン酸が豊富に必要です。窒素はアミノ酸や核酸中に無くてはならない元素です。アミノ酸はタンパク質を作る部品であり、核酸は遺伝子をつくるために必要不可欠の物質です。また、アミノ酸であるメチオニンやシスチン、システインには硫黄原子が必要ですし、リン酸も核酸の構成部分です。その他にも生物に必要不可欠な原子があります。

植物はそれらの養分を根から吸収しようとします。しかし、植物たちは残念ながら人間のように自由に動く手を持っていません。それでは、植物たちは手の届かない？　否、根の届かないところにある養分をどのように吸収するのでしょうか？　そのような時、植物たちは菌根菌たちに養分の吸収をお願いするのです。

菌根菌たちは樹木の根のまわりに菌糸ネットを張り巡らせています。菌根菌たちはその菌糸をたくみに使い、植物に必要な養分を吸収し、それを植物たちに渡しています。一般の草本類の根毛は一〇～二〇ミクロン（一ミクロンは千分の一ミリメートル）以上であるのに対して、菌根菌たちの栄養を吸収する菌糸の直径は二～五ミクロンと大変細いため、土壌中のいたる所に入り込め、さらに非常に狭い隙間にまで侵入でき、延び広がることができるのです。森林の土壌中で、菌根菌の中のVA菌根菌の菌糸のトータルの長さだけでも表土一立方センチメートル当たり、なんと五〇メートルを超えるといわれていますからビックリです。* これだけの吸収面積を持った根のサポーターがいればこそ、養分の吸収がしっかりできるのです。

また、根の近くに分解の進んだ落ち葉や枯れ枝があったとしても、根が吸収・利用できる状態でなければ、それらの栄養源は利用できません。根にはそれらを分解する能力がありませんから、その中の必要な養分を取り出して利用することが出来ないのです。人間が食物としてセルロースからなる紙や

*M・F・アレン著 中堀孝之・堀越孝雄訳『菌根の生態学』共立出版

藁などを食べたとしても、消化・吸収は出来ません。しかし、それらを分解してグルコースの状態に導かれるならば、栄養物として吸収することが出来るのです。しかし、残念ながら人間はセルロースを分解する酵素を持っていません。その結果、人間は紙や藁などを栄養物として利用できないのです。それと同じく、植物たちも分解の進んだ落ち葉などがあったとしても、それらを利用することが出来ないのです。そこで、菌根菌の助けを借りることになります。

前にも書きましたが、菌類は多くの酵素を出して目の前にある食材を自分の食べやすい状態にまで分解し、その分解物を栄養源として吸収することが出来るのです。そして、菌根菌たちはその吸収した養分を木々たちが使える状態に導いて供給してくれるのです。

ところで、菌根菌たちの多くのものは落ち葉や枯れ枝をそのままの状態から分解利用することは出来ません。落ち葉や枯れ枝等の有機物は始めに土壌中で活躍している土壌動物や腐生菌たちの食料となり、分解利用されます。その後に残る土壌動物たちの糞や老廃物、腐生菌たちによって分解されたものが菌根菌たちによって引き継がれます。菌根菌は菌糸たちを使って色々な分解酵素を分泌させ、その中にある養分、リン酸や窒素等を吸収できる状態に導き、それを吸収します。さらに、吸収した養分を、今度は植物が使える状態に変換してあげた後、植物たちに供給しています。つまり、植物たちは菌根菌だけでなく多くの生き物の助けを借りて土壌中から自分達に必要な養分を吸収していることが分かります。

しかし、菌根菌がいなければ土壌動物や腐生菌、土壌菌たちによって肥沃な土壌がつくられたとしても、植物たちはそこから充分な養分を自分の力で上手に吸収することが出来ません。ましてや、多くの森林土壌の中では慢性的にリン酸や窒素などの無機栄養分が欠乏状態にあるといわれています。多くの植物たちにとっては、菌根菌の感染なしでは生きられません。もし、菌根菌未感染状態となれば、多くの植物はリン酸等の欠乏状態に陥り、充分な生育が出来ず、体は弱り、やがて病原菌の攻撃を受けてしまいます。そこで菌根菌の感染がどうしても必要な植物たちは、自分に最も相性の良い菌根菌たちにＳＯＳの信号を送るのです。

実際には全ての植物が菌根菌を呼んでいるかどうかは分かりませんが、ある植物が菌根菌を呼んでいると考えられる実験があります[*]。

実験に使われている植物はその根から低分子の揮発性物質を放出して菌根菌たちを呼び寄せます。菌根たちはその誘引物質をキャッチし、菌糸を伸ばしてその植物の根に近づいていきます。植物たちは近づいて来た菌根菌の菌糸が自分と共に暮らしてくれる菌根菌と判断すると、速やかに自分の中に迎え入れます。迎え入れるところの詳細は完全には解明されていませんが、少なくとも植物が自分を助けてくれる菌であることをすばやく認識し、スムーズに迎え入れます。そして、感染した菌根菌は周辺からリン酸を含んだ養分を吸収し、植物が使える状態としてそれを供給し始めます。

もし、感染してきた菌が病原菌と判断したとき、植物は素早くその菌を排除しようと懸命に抵抗します。

*J. N. Gemma & R. E. Koske「Transactions of the British Mycological Society」1988, 91, p123—132

すごい判断力と思いませんか？

以上述べたように、植物たちは菌根菌たちと共生することで、養分を土壌中から再び得るという巧みなシステムを獲得し、無機リン酸の欠乏という苦境をのり越えています。植物たちは菌根菌たちに、お礼に光合成で作り出した炭水化物をいっぱい渡します。菌根菌たちはそれを自分たちが使える状態に変えて利用しています。

植物たちと菌根菌たちの共生関係の確立は、植物が陸に上陸を開始した時期と同時期の四億年ほど前に遡ることが、化石の研究や遺伝子（ＤＮＡ）を用いた系統分析から推定されています。植物たちは菌根菌たちと長い長い年月をかけて素晴らしい関係を築き上げて来たのです。

この菌根の分類について、フランク教授など初期の研究者たちは、菌根菌たちの菌糸が植物の根の皮層細胞の中に侵入するかどうかで分類をしていました。すなわち、菌糸が根の皮層細胞の中にまで入り込んでいる内生菌根と菌糸がその細胞の中には入らない外生菌根との二つのタイプに分けました。

研究が進むにつれて内生菌根にはさまざまな構造・機能を持つものが含ま

れていることが明らかとなってきました。最近では、内生菌根のタイプをさらに細かく分類するようになり、現在では菌根を形成する菌と植物の種類や菌根の構造の違いなどから七つのタイプの菌根に分類するのが一般的です。これからも菌根菌の研究が進むにつれ、新たなタイプの菌根が見つけられていくことでしょうが、ここでは現在わかっている七つのタイプの菌根たちを簡単に紹介しましょう。

内生菌根

VA菌根

VA菌根は内生菌根の代表者といってもよいでしょう。この菌根は菌根菌が植物の根に感染し、その菌糸が根の細胞の中にまで侵入して分化し、のう状体（vesicle）と樹状体（arbuscule）という特殊な構造を作ります。そこで、これらの菌根は「vesicle — arbuscule 菌根」、またはそれを略してVA

菌根と呼ばれています。

下図に示したように、樹状体とは根の細胞内で菌糸がいっぱい枝分かれして木の枝のようになっている組織で、菌根菌と植物との間での物質の交換を行う機能を持った器官と考えられています。また、のう状体は根の細胞内や細胞間隙にできるもので、菌糸が肥大し袋状となった組織で、栄養素の貯蔵所と考えられています。このタイプに分類されている菌根菌の中にはのう状体を欠くものもあるようですが、この二つの組織を持っていればＶＡ菌根と確認でき、その菌はりっぱにＶＡ菌根菌として認められるようになります。

このＶＡ菌根菌はあまり植物にこだわりが無いようで、自然の中では一種類のＶＡ菌根が多数・多種類の植物に感染し、それらの植物がその菌根菌の菌糸で繋がっているケースが多く見られます。そして非常に多くの種類の植物がＶＡ菌根菌に感染し、ＶＡ菌根を形成することが出来るそうで、一説に

根の細胞の中にまで入り込むＶＡ菌根

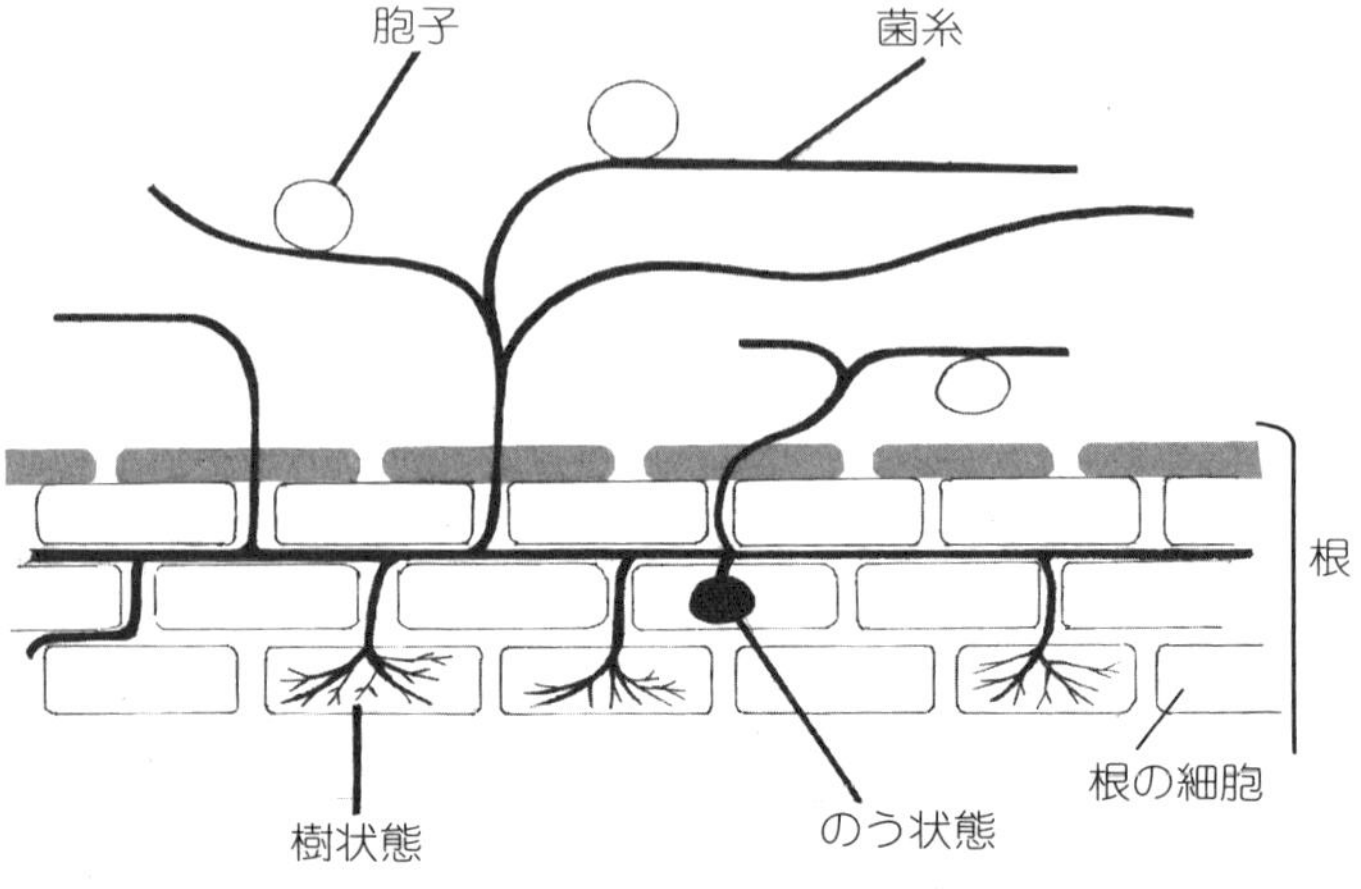

は陸上植物の九割を超えるという説まであるようです。正確なところは分かりませんが、少なくとも、地球の色々なところに普遍的に存在する菌根菌であるようです。

ＶＡ菌根菌を分類学的に観ますと、接合菌類グロムス目（もく）のグロムス科とアカウロスポラ科、ギガスポラ科の菌たちに限られます。ＶＡ菌根菌たちと植物との共生の始まりは大変古く、植物が陸に上陸したのと同時に始まったと考えられていて、菌根菌の元祖といったところでしょうか。ＶＡ菌根菌が有名になったのは、この菌の感染によって植物の生長が大きく促進されることが分かってきたからです。

植物は根の広がった範囲の中から養分を吸収しますが、その範囲を根圏と言います。ＶＡ菌根菌が植物に感染するとその根圏が数倍から十倍に広がり、土壌からの養分の吸収を有利にします。そのため植物の生長は圧倒的に促進されることになります。

ＶＡ菌根菌については、今までに多くの植物種と菌との組合せの研究が行なわれてきました。その結果、土壌中のリン酸の吸収を高めることにより、植物の生長を促進すると考えられるようになりました。その他にも、菌根菌自身が分泌する物質が、植物にはなんら支障を与えないが、植物に病気を起こすような病原菌に対して、その生長を抑えたり殺菌的に働くようなケースも見つかっています。このようにVA菌根菌は色々な面で植物とよい共生関係を作ることから、最近では農業への応用も行われ、市販の商品も出はじめています。その他、研究レベルでは、諸外国を含めてかなりの報告があり活発に研究が行なわれるようになっています。

内外生菌根

この菌根は、後で示す外生菌根に大変よく似た構造（菌鞘（きんしょう）とハルティヒネット・121〜123頁参照）を持っています。しかし、外生菌根では菌糸が根の皮層細胞内に侵入しませんが、内外生菌根は菌糸がその細胞内に侵入する菌根で、針葉樹を中心に存在しています。外生菌根でも古くなってくると、菌糸が細胞内に侵入することもありますが、通常はありません。それに対して内外生菌根では新しい菌根でも高い頻度（ひんど）で細胞内に菌糸を侵入させているのが見られます。また、内外生菌根を形成する菌類として現在わかっているものは子のう菌類しかありません。この菌根の中には同一の菌でありながらマツには内外生菌根を形成し、トウヒでは外生菌根を形成するというような菌根菌もあるそうです。全体的に、この内外生菌根についてはまだあまりよく分かっていないところが多く、これからの研究が期待されるところです。

エリコイド菌根

北半球のツツジ科と南半球の *Epacridaceae* という科、さらにガンコウラン科の三科の植物の多くは子のう菌類と共生してエリコイド菌根をつくります。この菌根は非常に細いのが特徴で、通常直径は〇・一ミリメートル以下です。この菌根菌は栄養状態のあまり良くない土地に生育してくる植物に感染して、その植物たちの繁殖を助けます。栄養状態の悪い土地では常に窒素やリンの欠乏状態となっています。そのような状態から脱出するために植物たちはこのエリコイド菌根菌を自分の体の中に受け入れます。

エリコイド菌根菌をつくる菌類は、子のう菌たちとその不完全時代を含めた不完全菌類です。彼らはあまり分解の進んでいない生き物の死骸などの有機態をさまざまな酵素を分泌して分解していく能力に富んでいます。そして、その窒素やリン酸などを含んでいる物質を有機態から取り出し、植物たちが利用できる状態になるまでしっかりと分解してくれるのです。その結果、エリコイド菌根を形成する植物たちは肥沃な土壌でなくても窒素やリン、その他の必要な元素の不足について心配せずに生育できることになります。

このことは過酷な生態系の中で生きる植物たちにとっては大変重要な意味を持っています。つまり、エリコイド菌根を形成する植物たちは、高山や極地などの気温の低い地域において、他の植物たちに対して優占することが出来るようになります。そのような地域では落ち葉や枯れ枝などの分解が遅く、土壌中のリンや窒素などの養分は植物が利用できる状態にまでなかなか分解が進みません。そこで植物たちは有機態中の栄養分を利用できるように分解してくれる菌類たちと共に暮らすことを選んだということでしょう。その結果、植物たちは豊富に存在する有機態栄養分を利用できるようになり、他の植物との競合に有利になったというわけです。

アーブトイド菌根

ツツジ科の一部の属（*Arbutus* と *Arctostaphylos*）はエリコイド菌根とは構造の異なる菌根をつくります。これらの菌根は感染する植物の属に因んでアーブトイド菌根と呼ばれます。この菌根は菌糸が細胞の中まで侵入していますが、外生菌根と似た特徴（菌鞘とハルティヒネット）が見られます。アーブトイド菌根を形成する菌類は担子菌類で、外生菌根菌の多くが外生菌根のほかにアーブトイド菌根も形成することが実験的に明らかにされています。現在、この菌根は外生菌根と似た働きをしているものと考えられていますが、実際のところはまだまだ未知の部分が多く、今後の研究に待つところが多い菌根のようです。

モノトロポイド菌根

春の終わりのころ、森の中の湿った林床に、全身が白く、龍が頭を持ち上げたような形をした物体がニョキッと顔を出しているのを見かけることがあります。山や森林の中を歩くことがお好きな方は見られたことがあるのではないでしょうか。この物体は、その形から「銀龍草（ギンリョウソウ）」と名づけられました。

　ギンリョウソウは葉緑素をぜんぜん持ちません。龍の頭が花となり、うろこのような白い葉が全身を覆う、ちょっと変わった植物です。日光があまり届かないような湿り気のある森の中、透明感を持った白色の物体がニョキッと頭をもたげる様は、別名「ユウレイタケ」の名にぴったりかもしれません。ギンリョウソウの根元を少し掘り起こしてみると、普通の植物にあるような根が見られません。まさしくユウレイタケという名前はぴったりですね。そこには細かな木くずのようなものが丸く固まっているだけなのですが、実は、それがギンリョウソウの根なのです。根には担子菌が共生して菌根を形成しています。ギンリョウソウ科（*Monotropaceae*）の植物はすべて葉緑素を持たない植物です。そのため菌類と共生し、菌類から養分をもらって生きています。この

ギンリョウソウ

ような植物を腐生植物と云います。

ギンリョウソウ科の植物がつくる菌根をその科名のラテン名に因みモノトロポイド菌根といいます。この菌根を形成する菌たちは菌鞘やハルティヒネットを持つなどの形態的特長から、以前から外生菌根菌たちではないかと考えられていました。最近の遺伝子解析等の技術により、一部の外生菌根菌がギンリョウソウ科の植物にモノトロポイド菌根を形成していることがわかってきました。つまり、これらの菌類は、樹木に外生菌根を形成することもでき、ギンリョウソウ科の植物にモノトロポイド菌根を形成することもできるのです。そして、土壌中の窒素やリン酸を含んだ栄養分を供給します。さらには、それのみに止まらず、この菌根菌の菌糸が樹木とギンリョウソウの二つの植物を繋ぎ、樹木の葉で生産される光合成産物の炭水化物をもギンリョウソウにおすそ分けをしているのではと考えられています。

ラン菌根

ラン科は約七百属二万五千種といわれ、植物の中で大変大きな科の一つです。ランの種子は非常に小さく、未分化で貯蔵養分がほとんどありません。そこで、発芽のはじめから誰かに栄養の供給をしてもらわなければ生きていけません。ここで菌類が登場します。ランは担子菌類（有性生殖の結果、担子器と担子胞子を作るもので、一般に見られるキノコのほとんどは担子菌類に属します）と共生し、ラン菌根をつくります。ランの種子の時代はすべての栄養を菌根菌が担うのだそうです。

今から十七年ほど前、菌類について何も知らなかった私は、研究上の理由から泊りがけの菌類観察会に出席してみました。そこで、ランの菌根菌を研究テーマに取り上げている大学院生と宿泊室が一緒になりました。私はその時はじめてランが菌たちと共に暮らしていること、そして、ランの種子が発芽するためには必ず菌類が必要であることを知りました。その外にもその大学院生からいろいろなことを学ぶと共に、菌と生物の面白い関わりについて教えてもらいました。この経験は私にとって異なる研究分野の専門家との交流が、研究の幅を大きく広げる大切な肥やしになることを教えてくれたように思います。

さて、本題のラン菌根についてですが、ラン科の植物は大きくなって自分で光合成ができるようになると、他の植物と同じように二酸化炭素から作った糖類を菌根菌たちに渡すようになります。菌根菌たちは引き続きリン酸や窒素などをラン達に供給しますので、ここで始めて相利共生の関係が出来上がることになります。しかし、ランの中には葉緑素を一生持たないものがあります。それらのランは、ギンリョウソウ達と同じく、一生ラン菌根菌にお世話になることになります。このようなランたちは菌根菌たちに本当に頭が上がりませんね。

この二者の関係を見るとき、ランたちのみが得しているようで、なんだか不公平にも思えます。しかし、自然界はこの二者のみの関係だけで成り立っているわけではありません。人間の目から見たとき、ランとラン菌根菌だけの関係では一見不公平と思えるものでも、さらにその周りに生活する様々な動・植物や微生物と絡み合って、最終的にはバランスの取れた状態がそこに存在します。ランに感染するラン菌根菌たちはさらにその周りの菌たちと調和し、生かし合いの生活をしているのだと思われます。ラン菌根菌はほとんどが動・植物の遺体やそれに由来する有機物を栄養源とする腐生菌類でありますが、中には植物に病気を引き起こす病原菌もいます。ナラタケやリゾクトニア属*の菌はその病原菌としての代表者で、それらは他の植物にとってはちょっと困りもののようにも思われますが、大きな自然のなかではやはりそれらの菌たちも必要な役割を持っているのだと思います。

*リゾクトニア属の菌 「根の死」を意味するリゾクトニアという名のごとく、この属の菌の多くは植物の土壌伝染性の病原菌である。

外生菌根

白亜紀末期、恐竜たちの滅びの後、植物たちの種類も大きく変わりました。私たちの周りにある針葉樹や広葉樹の大半は白亜紀中期以降に進化し始めた樹木たちのようです。そして、その時代に現れたマツやブナなどに代表される多くの植物たちには例外なく外生菌根菌との共生が見られます。現在、外生菌根を形成する植物は、被子植物のおよそ三パーセントといわれ、そのほとんどが木本植物です。

外生菌根には共通する二つの特徴的な構造が必ず存在します。その一つは菌鞘（きんしょう）と呼ばれる組織で、根の先端を刀の鞘のようにすっぽりと菌糸で覆われた組織のことです。二つ目は、根の中に侵入した菌糸が、皮層細胞を包み込むように発達した構造で、ハルティヒネット（Hartig net）と呼ばれています。菌糸は植物の根の皮層細胞を包み込みますが通常細胞内へは侵入しません。外生菌根菌たちは樹木たちの細根表面を菌糸ですっぽり覆って菌鞘を作り、根を乾燥や凍結から守ります。まるで、冬はオーバー、夏は水筒といったところでしょうか。その結果、外生菌根と共生できた樹木たちは乾燥地や寒冷地、高山などにも生育の場を広げていくことができました。菌根菌も長い年月をかけて生かし合いの関係を築いてきたのです。*

森林には多くの種類の外生菌根菌たちがいますが、自然の中から採取した外生菌根についてはキノコの形成がない限り、その菌がどのような種類の菌であるかを決めることはなかなか至難の業です。菌糸だけの状態では、外生菌根の仲間はみんな同じように見えてしまいます。

＊小川眞「土と微生物」1999, 53（2）, 73—79

この外生菌根を形成しやすい樹木たちはブナ科やマツ科の樹木たちです。これらの科の樹木では根を掘ってみると、ほとんどの場合外生菌根を形成しています。ブナ科には、ブナ、イヌブナなどのブナ属のほか、コナラ、カシワ、シラカシなどのコナラ属、スダジイ（スダジイ属）など、どんぐり（果実）でおなじみの樹木たちの仲間です。これらの樹木たちは冷温帯から暖温帯にかけての森林で優占する樹種が多く含まれます。

また、マツ科にはアカマツ、クロマツ、ゴヨウマツなどのマツ属のほか、トウヒやアカエゾマツなどのトウヒ属、モミやトドマツなどのモミ属、ツガ属やカラマツ属のような北方林や亜高山帯、海岸林などで優占する樹種が含まれます。ブナ科とマツ科以外にも冷温帯を中心に分布するカバノキ科のカバノキ属もまた非常によく外生菌根を形成します。

このような樹木たちは一部の根が外生菌根を形成するのではなく、ほとんどの細根が外生菌根を形成しています。世界中の北方から温帯にかけての森林は外生菌根性の樹種が優占することから、まさに外生菌根菌の宝庫ということになります。もちろん熱帯や亜熱帯に分布する樹木にも外生菌根を形成するものは多く存在しますが、熱帯林や熱帯多雨林では主にＶＡ菌根性の樹木が優占すると考えられています。また、河川などでよく見かけるヤナギ属などは、無機質土壌や養分の多い土壌ではＶＡ菌根を形成し、有機質土壌では外生菌根を形成することが知られています。このように腐植の蓄積などの土壌条件が菌根形成に大きな影響を与えているようです。

外生菌根を形成する菌類は五〜六千種と推測されています。その大部分はキノコの仲間で、イグチ科、オニイグチ科、ベニタケ科、オウギタケ科に属する種はほとんどすべてが外生菌根菌ですし、テングタケ科のテングタケ属、ヌメリガサ科のヌメリガサ属、フウセンタケ科のフウセンタケ属、アセタケ属、ササタケ属、キシメジ科のキシメジ属、モミタケ属などもほとんどの種が外生菌根菌とのことです。

ここにあげたキノコはスギやヒノキの人工林では見られないキノコたちです。スギやヒノキはこれらの外生菌根菌と共生することはなく、キノコをつくらないＶＡ菌根菌と共生しています。したがって、スギやヒノキの林に生えるキノコは落ち葉や枯れ枝などを分解して生活している腐生菌のキノコたちだけです。その結果、生えてくるキノコの種類は非常に限られてしまいます。一方ブナやマツなどは外生菌根菌と共生するため、キノコの種類も豊富に現れ、にぎやかな森となります。

植物と外生菌根菌との協力関係

腐生菌は落ち葉や枯れ枝などを自ら分解して生活しています。しかし、多くの外生菌根菌は樹木から炭水化物をもらわなければ生きてゆくことができません。さまざまな研究の結果から、樹木から外生菌根菌に渡される光合成産物（炭水化物）は十〜二十パーセント程度と、大変多くの炭水化物が外生菌根菌に供給されています。一見、これは寄生ではないかと思ってしまいますね。ところが、樹木たちにとってはこの外生菌根菌たちの助けが絶対的に必要なのです。次のような実験があります。

コツブタケを数種のマツ属の稚樹に接種したところ、すべての樹種で大幅な生長促進を確認することができました。特にアカマツでの生長促進は著しく、四ヵ月後にコツブタケ未接種の稚樹と接種稚樹の乾燥重量の比較を行ったところ、接種した稚樹の方が六・五倍も重くなっていたそうです。*

　このように外生菌根菌の接種によって、樹木の生長は明らかに促進されることがわかりました。それは外生菌根が形成されることによって養分の吸収が促進され、樹木の栄養状態が大変よくなり、活発に光合成を行うことができるようになるからです。そうしてマツたちは大きく生長したのでした。

　樹木に外生菌根が形成されると養分の吸収が促進されますが、中でもリン酸と窒素の吸収は大幅に促進されるようになります。このことが樹木の生長

赤松に菌根菌を接種した実験

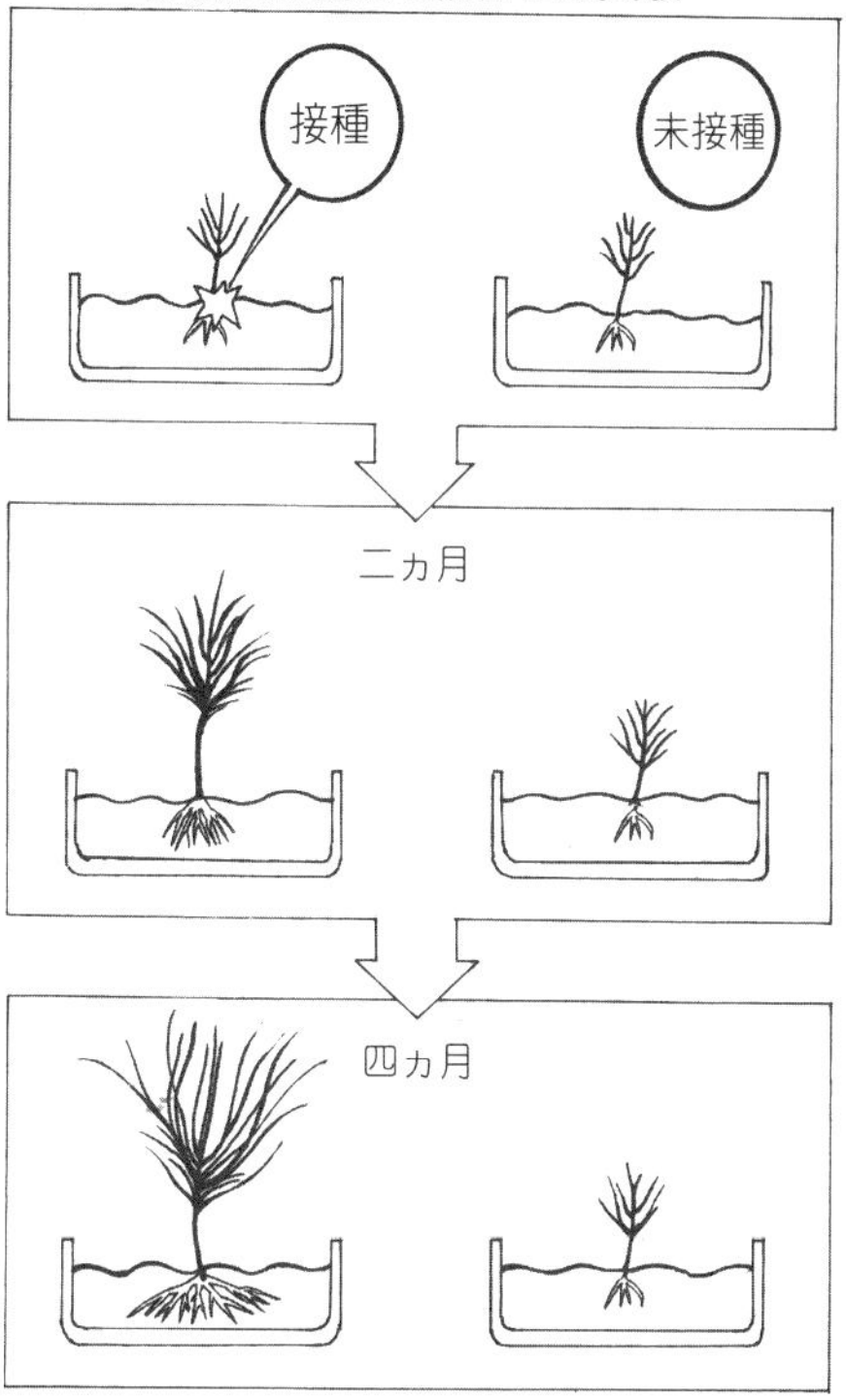

＊金子繁編『ブナ林をはぐくむ菌類』文一総合出版

に大変大きく影響します。リン酸は土壌に吸着されやすいため、土壌中では最も動きにくいものの一つです。そのため土壌水に乗っての移動が起こりにくく、樹木の吸収部位である根との接触の機会が大変少なくなってしまいます。

根に外生菌根が形成されると、そこからは根毛よりはるかに細い菌糸が無数に伸び、菌糸ネットを張り巡らせます。この菌糸たちは根が侵入できない隙間にも侵入することができるため、吸収できる土壌範囲が大きく広がります。また、植物の根だけでは吸収できない水難溶性のリン酸塩なども、水可溶性リン酸塩形に誘導してその吸収を促進します。さらに、有機態の中に閉じ込められたリン酸化合物などもさまざまな酵素を分泌して有機態を分解し、吸収可能な状態へと導き、吸収して樹木たちに送る能力を持っています。

以上のことは土壌中の窒素の吸収についても同様で、有効に働きます。多くの菌糸を張り巡らせることより吸収面積が増加し、さらに菌糸からさまざまな酵素が分泌され、土壌中に存在する有機態の中にある窒素源を利用できる状態まで分解し、吸収利用しています。

チッソ・
リン酸など
炭水化物
菌糸ネットワーク
（菌根菌の菌糸が四方八方に張りめぐらされている）

森林の中では、土壌中で一つのコロニーを形成している外生菌根菌の菌糸ネットワークで、多数の樹木が結ばれ、共生しているのです。さらに、ブナとミズナラなどの異なる樹種間でも菌糸ネットワークが作られていることも分かってきました。現在では、実際の森の中では数十、数百という外生菌根菌がそれぞれの菌糸ネットワークを張り巡らせ、多くの木々たちと色々に繋がり合いながらみんなで一緒に暮らしていることが分かっています。さらに進んで、菌根菌たちは木々たち同士の養分の授受のお手伝いまでしていることが明らかとなってきました。すなわち、外生菌根菌の菌糸ネットワークで繋がっているサクラ科の樹種間で、炭水化物をより必要とする側へ供給しているということが野外での実験*で実証されました。まさに自然の中で三者が一体となり、生かし合いの生活をしているということです。

このような実験結果が意味することは、大木と稚樹が菌根菌の菌糸ネットワークで繋がることで、大木が稚樹の負担を軽減するように外生菌根菌が要求する炭水化物を肩代わりし、さらに、稚樹へも炭水化物の供給を行ってい

*S. W. Simard, et al.「Nature」1997, 388(7) 579 - 582

ると推定できます。また、樹木がちょっとダメージを受けたとき、菌根菌の菌糸ネットワークを介して他の樹木が「元気出せよ！」と助けてくれると言うこともあるでしょう。このように、我々の見えないところで木々たちは外生菌根菌の菌糸で繋がり、お互いに助け合い、競い合って生活しています。

さらに、森林生態系の中では、外生菌根菌だけでなく、その他の菌根菌たちとも共に暮らしています。一本のダグラスモミに二千種を超える菌根菌が感染し、共生していると推定する論文*があります。植物たちは、色々な能力を持ったさまざまな菌根菌と共生することで、色々な環境条件に適用できるようになっています。そして、さまざまな微生物や動物たちもお互い、深く関わり合い、助け合いをしながら、森の生態系は作り上げられているのです。たった一つの些細な現象も、そこには多くの生き物たちが関係し、一つの側からの観方ではすべてを説明し尽くせません。

* J. M. Trappe「Annual Review of Phytopathology」1977, 15, p203―22

その一部を垣間見てみましょう。キノコを食べる昆虫たちは同時に胞子の散布や発芽に関わっています。

トビムシなどの食菌性の土壌動物にとっては、土壌中の菌根の菌糸が重要な食料となります。森林の土壌には腐生菌たちがいます。腐生菌たちは落葉や枯れ枝などに対して強い分解能力を持っています。ある程度分解が進むと利用できる炭水化物が減り、次の分解者にバトン・タッチをします。外生菌根菌たちはその続きを受け持ち、残っているリン酸や窒素化合物を吸収利用します。

また、森林の土壌の中には外生菌根菌だけでなくさまざまな菌根菌たちがそれぞれに菌糸ネットを張り巡らせて生活をしています。さらにその他多くの微生物がそれをとりまき、それぞれに役割を持って生活を営んでいます。最近、森林生態系の中での菌根菌たちの役割について、その重要性が認識され始めています。それに伴い、菌根菌関連の学術論文数も急激に増え、多くのことが明らかとなってきています。

森の中では、人の足の裏ほどの面積に八万を越える土壌生物がいる

しかし、まだまだ分からないことがいっぱいです。自然の生態系が如何に調和しているかという研究はこれからさらに進み、森の中に住む多くの生き物たちがみんなで力を合わせて調和した自然の生態系を創りあげていることが明らかとなって行くことでしょう。

一般に、森の生態をお話しする書物や映像では、木々や草花達と高等動物との関わり合いによる話が多いようです。しかし、森や草原の中の生態系はもっともっと複雑です。今ご紹介したように森の中には多くの生き物が暮らしています。菌類一つとっても、毎年多くの新属や新種が見つかっています。そして、我々がまだ見たこともない多くの菌が、自分達の持ち場で一所懸命生き、森を守っているのです。土壌動物でも昆虫でも、みんなで一所懸命生きています。その森をみんなで大切に育ててあげることが出来ないものでしょうか。

森は私たちに酸素や水の安定供給のみならず、様々なものを提供し、色々なことを教えてくれます。私たちはこの森の恵みに感謝し、森の栄(さかえ)を願い、自然を大切にする「思いやりの心」をもって、森に接することがなによりと思います。

今上天皇陛下の御製に次のような御歌がありました。

いにしえの人も守り来し日の本の
　　森の栄えを共に願はむ

この御製の如く、みなさんと共に森の栄(さかえ)を願いたいと思います。

参考図書
金子繁編『ブナ林をはぐくむ菌類』文一総合出版
M・F・アレン著　中堀孝之・堀越孝雄訳『M・F・アレン菌根の生態学』共立出版
S. E. Smith and D. J. Read『Mycorrhizal Symbiosis 2 edition』Academic Press

第四章　菌と昆虫

トノサマバッタの大量死

生態系の中では色々な自然現象が相まって、動物、植物、虫たちの調和した世界が展開しています。ところが、時々自然のバランスが崩れ、虫たちの異常発生のような大きな変化が起こることがあります。その原因は様々ですが、そのような不調和な状態が現れてきたとき、そこに暮らす様々な生き物たちは元の調和した状態に戻そうと必死に活動します。このような中では、菌たちもそこに暮らす多くの生き物たちと共に行動を起こします。

菌類が果たす役割で重要なものの一つに、動物や昆虫の病気を起こすという働きがあります。病気はいやなものですが、自然界のバランスを保つために一斉に病気が起こるときがあります。本来、静かに暮らしている菌たちもビックリするような重要な役割を果たす場面があるのです。

開拓間もない明治一三年（一八八〇年）、北海道の十勝地方にトノサマバッタの大群が発生しました。

その年は好天に恵まれたのは良かったのですが、そのため、乾燥した気候が続きました。雨や湿気に弱いバッタの卵や幼虫たちにはこの気象条件が好都合となり、バッタたちには幸せな日々が続くことになりました。北海道の東南部、広大な草原を持つ十勝平野では、トノサマバッタの成育に絶好の条件となり、バッタの大群が発生したのです。

十勝平野に大発生したバッタの大群は西を目指して大移動を開始しました。日高を越え、胆振や石狩地方へと大群は移動しながらその土地の植物を食い尽くしていきました。緑の草原は見る見るうちに茶色の大地と変わっていきます。そして、その大群はたった一週間のうちに札幌の郊外にまでやってきたそうです。その当時の人々にとっては本当にびっくり仰天だったことでしょう。テレビもラジオも無い時代、予めの備えなど何も無い状態ですから。当時を伝える書物の中では、その有様を「天為(テンタ)メニ暗シ」と記録されたほどで、トノサマバッタが飛び立てば太陽が陰って真っ暗となり、畑は瞬(また)く間に赤土にかわり、干(は)していた衣類までもがぼろぼろになるありさまだったと言われています。

バッタたちを追い払う対策は、火を焚いたり、大きな音を立てたりするのが関の山でしたが、たいした効果は出ません。そして、その年の作物の収穫は例年の二割にも満たない状態だったそうです。

良い駆除方法は見つからず、大群が産卵した卵がまた孵化すれば、次の年のトノサマバッタの大発生は確実で、作物の大被害も目に見えています。事を重く見た開拓使はその年の内に駆除の法律を定め、トノサマバッタの駆除対策に真剣に取り組みました。北海道の冬の寒さは厳しいものです。バッタの卵などこの北海道の冬に多くが死んでしまうだろうとかすかに期待する人も多かったようです。しかし、残念ながらそのようなことにはなりませんでした。

翌年の初夏、手稲山山麓にトノサマバッタの幼虫の大群が見つかりました。前年のバッタの大群が残した卵たちの孵化が始まったのです。開拓使はバッタの幼虫や卵を集めたり、また集めたものを買い上げたり、さらには野に火を放ったりと色々なことをして駆除にあたりました。その甲斐あって手稲山山麓のバッタの幼虫は減ったように見えました。しかし、他の地域で孵化したバッタは再び大群となり石狩平野に現れたのです。

その翌年も、その次の年も、場所を少しずつ変えつつトノサマバッタは大発生し、大群となって石狩平野にやってきました。その大発生は五年間にわたって続いたと言います。*

この間、駆除のために動員された人は延べ二十万人、その当時の北海道に住む人の人数を考えるとこの数は大変な数だと分かります。人手がいないので本州から囚人までもが駆除に動員される有様たったそうです。屯田兵達はバッタの進路を変えるため大砲までも出動させ、それを撃ったということです。

五年間続いた北海道のトノサマバッタの大発生を終焉(しゅうえん)させたのは、長雨と湿気、寒さでした。人間にとっても辛い天候の条件でしたが、この天候がバッタの大発生の終焉をもたらしてくれたのです。

このように日本においても昔はトノサマバッタの大発生が時々ありました。トノサマバッタの仲間は、幼虫が高密度の条件下で育ったとき、そこに自

*小西正泰著『虫の博物学』朝日新聞社　朝日選書

頭部は平たく、黒色、大食で、大群をなし大移動する

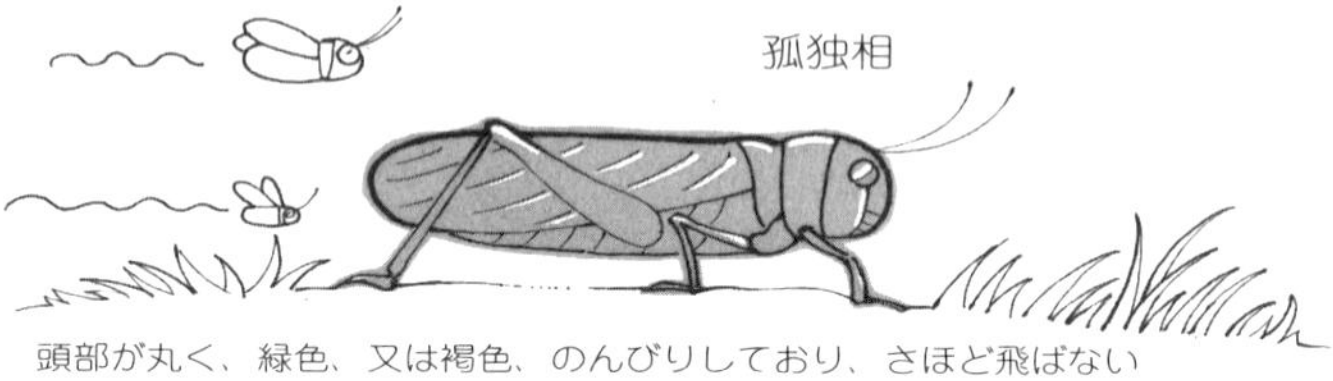

頭部が丸く、緑色、又は褐色、のんびりしており、さほど飛ばない

分達が成長するために必要なえさの確保ができないと知るのでしょうか、成虫は通常の状態と異なった形となります。すなわち、成虫は小型化し、体は黒ずみ、痩せ型となり、はねが長く、飛行に適したスリムな姿の移動型（群生相）に変身します。この移動型の状態になるとトノサマバッタは一定の期間を飛行しないと産卵ができないようになります。大量の集団から遠く離れればえさにありつける可能性は高まります。まさに、子孫を残すための智恵を自然に備えているといえるでしょう。自然の力は本当にすごいですね。*

　トノサマバッタのこの変身も、二十世紀のはじめのころまでは分かっていませんでした。黒くなって大群をなして移動するバッタ

＊出嶋利明著『図解雑学 昆虫の科学』ナツメ社

と、私たちが野原で良く見かける緑色のトノサマバッタ（孤独相）とは別種のものと考えられていましたが、この二つのバッタはどちらも同じトノサマバッタで、その変化は生息の条件の違いによって起こっていることが分かってきました。最近、体色の変化に関係するホルモンがバッタの脳にある側心体という器官にあることが分かりました。この体色の黒化を誘導するホルモンはアミノ酸からなるペプチドであることが明らかとなり、H－コラゾニンという名前がつけられています。さらにこの研究が進み、バッタの体色変化や変身の機構を突き止めることが出来るならば、移動型の群生相のバッタを通常型の孤独相に導くことが出来る可能性も出てきます。[*] そのようになれば、バッタの大発生の終焉をもたらす良い方法も開発できることになります。

大発生を起こすバッタたちはトノサマバッタとサバクトビバッタですが、現在でも世界の多くの草原地帯でサバクトビバッタの大発生が深刻な問題で、穀類の収穫に大打撃を与え、大きな食糧問題となっています。このようなことから、バッタの大発生を未然に防ぐために色々な研究が行われているのです。

＊Seiji Tanaka「J. Insect Physiology」2000, 46, 1535―44

ところで、日本においては大正以降のバッタの大発生は局地的な例を除き、見られなくなりました。開発が進み、バッタの大群を育む広大な原野がなくなったためとの見方もあります。

最近の局地的発生としては一九八六年九月に鹿児島県の種子島の北西にある馬毛島という島で、トノサマバッタの大発生が確認されました。その当時すでに馬毛島は無人島でしたので、発見が遅れましたが、すごい数のバッタが空を飛んでいたそうです。

調査の結果、その数、数千万匹と推定されています。その原因は、十年来の無人化や、数年前の山火事がススキを繁茂させ、気象条件ともあいまって大発生となったようです。幸い、大発生は他の島には飛び火せず、農作物にも被害を与えることなくその年は終わりました。そして次の年、再びトノサマバッタの大発生が心配されましたが、それは起こらず、一年で終焉（しゅうえん）してしまいました。*

馬毛島の大発生は、北海道の大発生に比べ規模的には明らかに小さいのですが、北海道の大発生は五年間も続いたのに対して、馬毛島ではなぜ一年で

＊桐谷圭治著『昆虫と気象』成山堂

トノサマバッタの大発生が終焉してしまったのでしょうか？

大発生の翌年の六月ごろ、馬毛島では枯れた草の茎や葉の先端につかまって死んでいる幼虫たちの屍骸（しがい）が数多く見つかりました。しっかり草をつかんだ状態で乾燥して死んでいたそうです。前年の大発生でバッタの卵は多く産み付けられ、その卵は孵化までは漕（こ）ぎつけたものの、成虫として飛び立つ前に死んでしまったのです。

バッタの死因は接合菌類のエントモファーガ・グリリ（*Entomophaga grylii*）という菌による流行病であると分かりました。エントモファーガ属の菌たちは「昆虫疫病菌」とも呼ばれ、昆虫たちにとってはいやな病原菌です。しかし、自然界の中でこの菌たちは昆虫などの大発生を終焉させる重要な役割を演じるグループの菌たちです。馬毛島でのトノサマバッタの大発生もエントモファーガ属の中の一つであるエントモファーガ・グリリの活躍で終焉したのでした。

先の北海道でのトノサマバッタの大発生のとき、そこにはこのエントモファーガ・グリリはいなかったのでしょうか。もし北海道の地にも昆虫疫病菌が生息していたならば、五年もの長きにわたった大発生も起きなかったかもしれません。

マイマイガの大発生

マイマイガは北半球の温帯地域全域に分布しているドクガ科の蛾ですが、この蛾は毒を持っていません。マイマイガの名前の由来はその飛び方にあり、ひらひら舞うように飛び回る姿からマイマイガと呼ばれるようになったようです。広い地域に分布する蛾ですが、昔、アメリカ大陸にはいませんでした。十九世紀の終わりにマイマイガの英名がそのままタイトルとなった『The Gypsy Moth』という書物が出版されました。その中に何故マイマイガがアメリカ合衆国に入り込んだかが記載されています。

その当時、カイコの病気がアメリカ合衆国の養蚕業者の間で深刻な問題だったようです。そこで病気に強いカイコまたはカイコに代わる糸のいっぱい取れる繭を作る蛾が見つかればと思う人も多かったと思います。そのような中、画家であり、昆虫愛好家でもあったある人が繁殖力の強いこのマイマイガに目を付け、アメリカに持ち込んだのでした。色々なことを試すために、彼はこのマイマイガを飼育していましたが、一八六八年または九年のどちらかは分からないようですが、蛾を飼っていた飼育器から数頭のマイマイガの幼虫を逃がしてしまいました（幼虫たちが逃亡したのです）。それを契機にニューイングランドのメドフォードの彼の家から西の方にその蛾の生育分布が徐々に広がり、そして、たちまちのうちにマイマイガは分布範囲を広げてしまったのでした。*

マイマイガは繁殖力・適応力が強く、新しい場所に侵入するとたちまちのうちに住み着き、分布範囲を広げていきます。現在でも、アメリカ合衆国の北東部を中心に年に二十〜三十キロメートルのスピードで広がっており、合衆国では深刻な森林害虫の一つになっています。当初は蛾の幼虫が居なくなったことなど、たいした問題と思わなかったことでしょうが、今となってはこれが大きな問題で、アメリカのマイマイガのルーツはこの脱走した幼虫

＊スー・ハベル著　石川良輔監修　中村凪子訳『虫たちの謎めく生態』早川書房

たちにあるといえるのです。日本でも昭和四〇年代の一時期にアメリカシロヒトリという外来の蛾が大問題となりましたが、アメリカでのマイマイガの問題は今でも深刻な問題となっており、マイマイガの防除の研究も膨大な数にのぼっています。

その中の一つとして、一九一〇から一一年にかけてのエントモファーガ・マイマイガ（*E. maimaiga*）という菌の導入があります。目的とする害虫に対して、その天敵である生物で、その他の生物にはそれほどの影響を与えないと考えられる生物を導入することにより、害虫の防除を行う、生物防除という方法が検討されたのでした。

このエントモファーガ・マイマイガの導入は、日本において、北海道や東北地方のカラマツ林やシラカンバの林でしばしば発生するマイマイガの幼虫の大発生を、この菌が終焉に導くことに起因します。マイマイガが大発生すると、大食漢の幼虫たちは広い面積にわたって木々の葉を食い尽くしていきます。しかし、その大発生もやがて終わり、その頃になると木々の枝や幹に多くのマイマイガの幼虫の死体が垂れ下がっているのが見られるようになります。これは先ほど示しました馬毛島でのトノサマバッタの大発生のときに活躍した、エントモファーガ・グリリと同属のカビであるエントモファーガ・マイマイガという昆虫疫病菌の流行の結果起こる現象です。この昆虫疫病菌の学名はマイマイガという和名（日本名）に由来します。このマイマイガの天敵である昆虫疫病菌が、アメリカ合衆国でのマイマイガの被害の防除に導入されたのでした。

このエントモファーガ・マイマイガは、合衆国にはもともといない昆虫疫病菌でしたが、マイマイガの防除のため導入されたわけです。しかし、その後の詳しい調査は行なわれなかったため、その疫病菌の導入の成果は全然分かりませんでした。

一九八九年、エントモファーガ・マイマイガのアメリカにおける分布調査が導入後はじめて行なわれました。その結果によると、エントモファーガ・マイマイガはアメリカ合衆国北東部のマイマイガの死体から普通に分離されることが分かりました。この菌も、アメリカの森の中でマイマイガの大発生の抑制に一役買っていることが分かってきました。

菌類たちが森林や草原での昆虫たちの大発生をコントロールしている例はまだまだたくさんあります。次に、いろいろな事が明らかになっているサナギタケとブナアオシャチホコの関係について紹介しましょう。

ブナ原生林を守るサナギタケたち

自然の中の植生は気候などの環境要因によって変遷していきます（植生遷移）。やがて環境条件が一定になり、それ以上変化しない安定な状態になっていきます。そのような植生を「極相（きょくそう）」と言います。ブナ林は日本の冷温帯広葉樹林を代表する極相林です。北海道南部から九州にかけ広く見られますが、中心は東北や中部地方の豪雪地帯です。かつては東北地方全体に、白神山地をしのぐブナの森が広がっていたとのことです。このブナ林は、季節を通して美しい姿を見せてくれますが、特に秋の紅葉は素晴らしい眺めとなります。

そのブナ林の林床に、数年か十数年に一度の割合でサナギタケの大発生が起こるところがあります。その大発生は一年で終息するところもあれば、二〜四年も続くことも有ります。しかし、何時、何処で起こるか分かりませんので、そのなぞの解明は大変難しい状態でした。しかし、小さなチャンスを生かしそのメカニズムの謎解きに挑戦した人たちがおり、多くのなぞが解き明かされてきています。*

＊金子繁編『ブナ林をはぐくむ菌類』文一総合出版

冬虫夏草

漢方薬で不老長寿や強精強壮の秘薬として珍重されてきたものの一つに「冬虫夏草（とうちゅうかそう）」と呼ばれる薬があります。これは「冬は虫の姿、夏は草となる」と信じられて名前が付けられました。

中国では、この秘薬は中国の奥地やネパールなどの高地に生息するコウモリガの蛹（さなぎ）にバッカク菌の仲間の菌であるコルディセプス・シネンシス（*Cordyceps sinensis*）が寄生してつくられたものを指します。この菌が昆虫の幼虫に寄生し、虫の体内に侵入します。菌は虫の体内で徐々に生長し、やがて蛹の外形を残したまま、その中に菌糸を蔓延させ菌核（菌糸の塊（かたまり））を形成します。そして、最後には蛹全体が菌核となり、時期が来ると小さなキノコ（子実体）が虫の体から現われてきます。この状態のものが冬虫夏草と呼ばれています。

最近ではコウモリガの幼虫を使って人工培養が行われ、それが漢方薬として市場に出まわっているようです。しかし人工培養は大変難しいようで、その代用品としてサナギタケ（*Cordyceps militaris*）が目をつけられました。現在、中国では人工培養されたサナギタケが医薬品として認可を受け使用されているようです。因みに、中国ではサナギタケを「蛹虫草」と呼び、冬虫夏草と区別しているようです。* 日本でも狭い意味での「冬虫夏草」は中国と同じくコウモリガの蛹にコルディセプス・シネンシスがつくるキノコを指しますが、一般にはもう少し広く考え、コルディセプス属の仲間の菌や昆虫に寄生する不完全菌類が昆虫に感染し、肉眼でみえるような大きな子実体を形成したものを総称して「冬虫夏草」と呼んでいます。

昆虫に菌が寄生して、同じようなキノコ様の状態となるコナサナギタケ

＊陳瑞英「冬虫夏草」2000（20），p24―29，日本冬虫夏草の会

（*Isaria farnosa*）やクモタケ（*Nomuraea atypicola*）などもありますが、これらはキノコ様の部分が子実体ではなく分生子柄束（シンネマ）というものでできています。分生子とは無性生殖によりできる菌たちの種子ですが（41頁参照）、その分生子が作られるときに、菌糸から木の枝が分かれ出てくるように、分生子を作り出す菌糸が現れます。そのものを分生子柄といいます。分生子柄束とは分生子柄が密に束になったもので、姿かたちはあたかも子実体と同じように見えますが、その上部には分生子がいっぱい作られ、粉々した状態となっています。しかしこれらのものも冬虫夏草のアナモルフ（無性時代）であり、冬虫夏草の大切な仲間なのです。

　一般に冬虫夏草菌類（コルディセプス属）は広い分布域を持つものは少ないのですが、その中でサナギタケは世界的に広く分布し、日本でも奄美以南を除く各地で見つけられています。しかし、この菌は個体数が非常に少ないことや、また落ち葉の下などに埋もれている場合が多いため、普通はなかなかお目にかかることは出来ません。

　サナギタケは子のう菌類バッカク菌科のコルディセプス属（冬虫夏草属）

に属する虫生菌でコルディセプス・ミリタリスを指します。鱗翅目（チョウや蛾の仲間）、特に蛾の仲間のさなぎに寄生しますが、他の冬虫夏草菌類と同じく通常なかなか見つかりません。しかし、日本ではブナアオシャチホコが大発生した場所においては、その次の年の夏に限って、例年とは異なり多数のサナギタケの子実体がブナ林の林床に現れてきます。

林床に現れるサナギタケの子実体は一～十センチ程度、太さは五ミリほどの大きさで、黄色から橙色の、こん棒状をしています。子実体の根元付近を掘ると白い菌糸が伸び、さらに掘るとさなぎに繋がっています。菌糸はさなぎの中まで繋がり、さなぎの内部全体に菌核と呼ばれる菌糸が密に集合して出来た硬い塊を形成しています。

一方、サナギタケの実に当たる子実体に

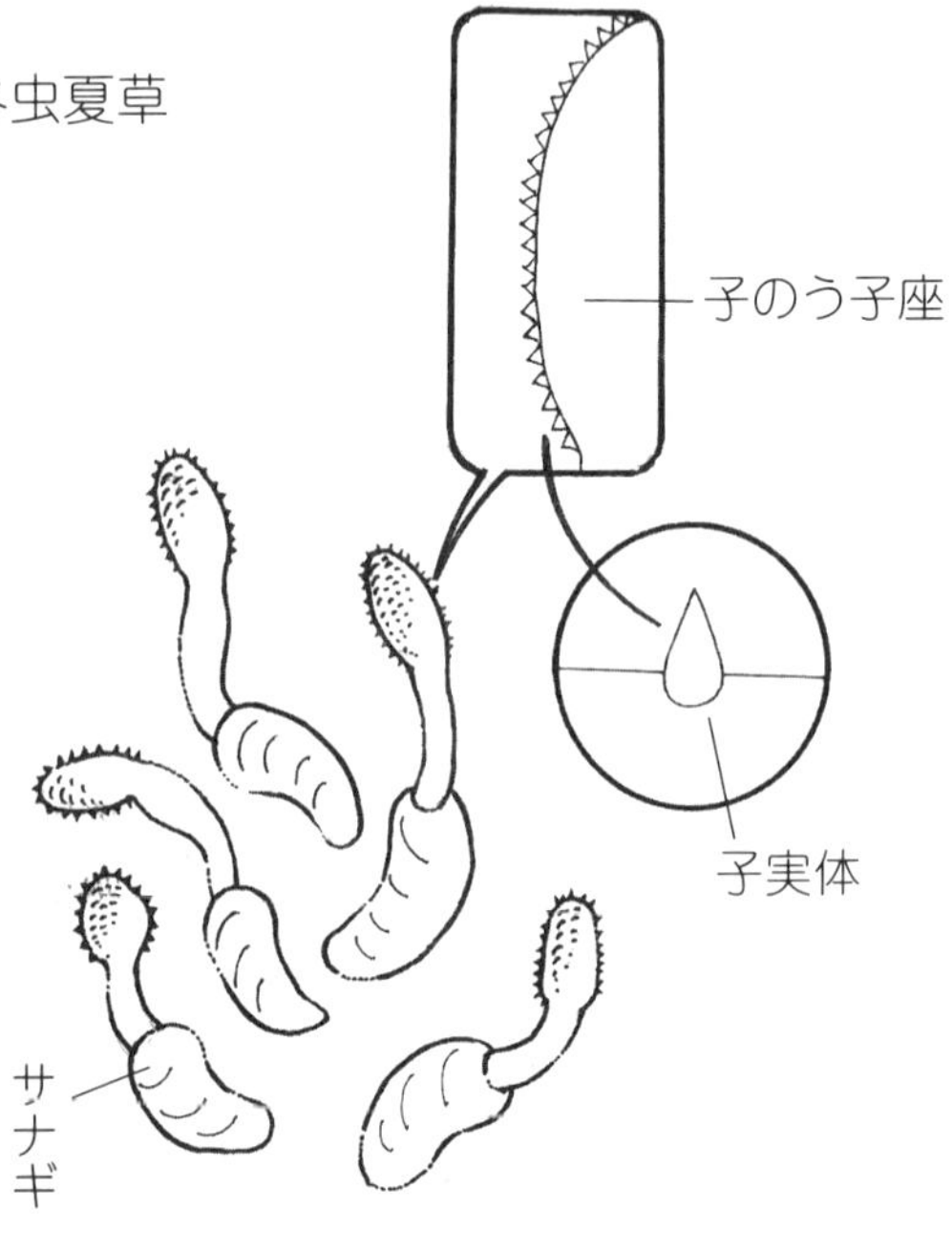

冬虫夏草

目を向けると、熟したものではその先端部分が小さなぶつぶつで覆われているのが分かります。この部分全体を子座（ストロマ・stroma）と言い、このぶつぶつしているものは、実は一つ一つが植物の果実にあたる部分なのです。この菌は子のう菌ですので、その果実は子のう殻、または子のう果と呼んでいます。つまり、サナギタケの子実体は果実の集合体、ブドウの房のようなものと考えていただければ良いと思います。そして、子のう殻の中には胞子をつくる袋（子のう）が沢山あります。

　子実体が熟してくると子のう殻の中に子のうという袋ができ、その一つ一つの中に八個の胞子がつくられます。余談ですが、シイタケやマイタケのようなみなさんがよく知っている一般のキノコは担子菌類に分類され、キノコの傘の下側、すなわちヒダの部分に子のう菌の子のうに当たる担子器と呼ばれる器官ができ、そこに四個の担子胞子が作られます。担子器に出来る胞子は四個で、多くの子のう菌の子のうに出来る胞子

キノコの担子器

は八個と、ちょっと面白いと思いませんか？

ところで、サナギタケの胞子は形が変わっていて、まるで糸のような胞子です。この胞子は長さが約四〇〇ミクロン（〇・四ミリ）もあり、それに対して幅はたった三～四ミクロン程度と、まるで細長い糸のような形をしています。子実体が成熟するとこの糸状の胞子は二～四ミクロンごとに仕切り（隔壁）が見られるようになり、さらに成熟すると胞子を包んでいる袋の子のうは溶けてなくなってしまいます。そして、胞子の分散にちょうど良い時期が来ると、子座（しざ）の上のぼつぼつの子のう殻たちは一斉に、その先端の小さな穴から勢いよく糸状の胞子を空に向って発射します。子のう胞子は何かの原因で受動的に散布されるのでなく、子のう殻自ら内圧をグーッと上げ、能動的に胞子たちを飛び出させるのです。子のう殻から飛び出してきた胞子たちは、時間が経つと隔壁部分からばらばらに分裂し、一二〇～一三〇ほどに分かれます。それらはみんな胞子と同じ働きをし、発芽のチャンスがあれば、再び発芽し、菌糸を伸ばしていきます。

実際、胞子を麦芽寒天培地等で培養すると、その胞子は発芽し、菌糸を伸ばし始めます。そして、二週間ほど経つと培地上には菌糸が伸び、綿状の状態になります。しかし、寒天培地上ではブナの森で採集したサナギタケの子実体を形成することはありません。

その生えた綿状の一部を取り、顕微鏡で観察すると、菌糸と共に直径二ミクロンほどの楕円形をした胞子様のものが見えてきます。これは分生子と呼ばれる無性胞子です。子のう胞子は受精後減数分裂の結果形成されるのに対し、分生子は体細胞分裂によって出来るものです。寒天培地上に生えた菌糸や分生子はさなぎがなくても新しい寒天培地に接種すれば再び同じように生長し、時期が来るとまた分生子を形成します。（分生子が発芽し、菌糸が生長し、再び分生子を形成することを繰り返す状態を不完全世代という。41頁参照）すなわち、サナギタケはただ生きていくという限りにおいては生きたさなぎは必要ないのかもしれません。ブナ林の林床でサナギタケの子実体が観察されなくともサナギタケがいないということにはなりません。その林床で、サナギタケは菌糸や無性生殖の状態で生活しているかもしれません。

ブナアオシャチホコの大発生

ブナ林の中で、ブナの葉を食べて生きる昆虫たちは非常に多く、蛾の仲間に限っても一〇〇種以上に上ります。ブナ林における蛾類の季節変動を調べてみると、二つの時期にピークがあることが分かってきました。つまり、ブナの葉を食べる蛾の幼虫たちは、ブナの芽吹きから葉の成長し終わる時期（新緑の時期）と盛夏の八月の二つの時期にブナの木に集まってくるのです。

その前半部分ではシャクガやヤガなどの中・小型の蛾類の幼虫が主になります。この時期には他にも多くの種類が確認でき、ブナの食葉性昆虫のほとんどが摂食する時期といってもよいでしょう。

七月になり、葉が成長し終わる頃になると、葉もしっかりしてくるためか、葉を食べる昆虫たちは非常に少なくなります。我々人間も、野菜などの葉はやわらかいうちに食べ、とうが立った硬いものは好みませんね。多くの食葉性昆虫も我々人間と同じようです。

ところが、その後の七月後半から八月にかけて再びブナの葉を食べる昆虫が増えてきます。この時期がブナアオシャチホコの幼虫たちの出番になるのです。他の食葉性昆虫がほとんどいないこの時期は、彼らにとってブナの葉を心置きなく食べ、大きく成長することが出来る最もよい時期なのです。

ところで、昆虫たちの数の変動を調べる方法をご存知ですか。よく行われている方法は調査地の林床に虫たちの「糞受け」を設置し、落下してくる昆虫たちの糞を調べるのだそうです。これは大変根気の要る作業になります。まずは糞が何の昆虫の糞か知らなければなりません。集めた糞の種類分けをし、その量を計測して昆虫たちの数の変動を調べるのです。調査場所には一種類の虫だけがいるのではありませんから、糞を観ただけで、何の昆虫の糞かを見極める眼力がなければこの作業は出来ません。この調査は熟練と根気のいる作業になります。

それではブナアオシャチホコについて少し紹介いたしましょう。この蛾は鱗翅目(りんしもく)シャチホコガ科に属する蛾で、幼虫はブナとイヌブナの葉が大好きで、これらの葉を専門的に食べる食葉性昆虫です。この蛾は日本固有の種で、ブナとイヌブナが分布している地域の北海道南部から九州にかけての広い地域に分布しています。

ブナ林で大発生する食葉性昆虫はこのブナアオシャチホコだけのようで、この蛾の幼虫が大発生すると、その食害のためブナ林は丸裸にされてしまうことがよくあります。ブナアオシャチホコは羽化期間のばらつきが大きく、五月の終わり頃から七月にかけて成虫が現れてきます。成虫の寿命は短く、たった一週間から十日ほどの命です。その間に食事もせずに伴侶を見つけ、ブナの葉の裏に卵を産みつけ、役目を終えて天国へと旅立ちます。産み付けられた卵は十日ほどで孵化し、幼虫はブナの葉を食べ続けて成長します。

若齢の幼虫は集団で過ごしますが、やがて単独で行動するようになります。終齢幼虫が現れるのは七月の下旬から八月頃です。終齢幼虫は大きさが四センチメートルほどの大きな幼虫になり、その頃には葉の摂取量も大変多くなります。そのため、ブナの葉の食害もこの頃に目立ってきます。そして、だんだん体が赤みを帯びるようになると、木から落ちて落葉層にもぐってさなぎになります。そして、冬を越し、次の年の初夏に成虫の蛾として飛び立つまで、九ヵ月もの長い間を土の中でさなぎとして暮らします。

ブナアオシャチホコの幼虫は七月から八月にブナ林に現れてきますが、この幼虫たちの生息数は年によって大きく変動することが分かってきました。

ブナ林に暮らす食葉性昆虫のほとんどは一平方メートルあたりに生息する数（固体群密度）の年々（としどし）の変化（年次変動）で五倍以下であります。これに対して、このブナアオシャチホコの幼虫の密度は低いときには一〇〇平方メートルあたりに二頭以下の年もあれば、大発生の年には一平方メートルあたりに一五〇頭を超えるような数になる年もあります。すなわち、ブナアオシャチホコの固体密度の変動はなんと一万倍近くにもなるようです。ちなみに、ブナの葉が食われているのが目につく状態では、一平方メートルあたりに六〇頭ほどの幼虫がいる状態であり、ブナの葉がまったくなくなってしまう状態では、幼虫の密度はさらに多くなり一平方メートルあたりに一〇〇頭をはるかに超える状態のようです。

それにしても、ブナの葉が無くなってしまうまでみんなで食べつくしてしまうのですから、そこに住む他の生き物たちにとっては迷惑な幼虫たちといえるでしょう。将来のことをまったく考えず、ひたすら葉を食べ続けるちょっとお気楽な幼虫たちなのでしょうか。それとも産卵したブナの木が幼虫だらけになることを考えなかったブナアオシャチホコの親達がお気楽だったのでしょうか。とにかく丸坊主はブナの木にとっても死活問題となってしまいます。ブナの木もその周りの生き物たちも必死に抵抗します。それでは、このブナアオシャチホコの大発生はどのように終息していくのでしょうか。

大発生を終焉させる天敵

ブナアオシャチホコの大発生に対し、ブナ林で生活する生き物たちはみんな敏感に反応します。

七月に入る頃からブナアオシャチホコの幼虫が現れ始めます。通常、七月になると蝶や蛾はみんな成虫となり、幼虫が少なくなります。そのため、鳥や野ねずみたちのえさは虫としてはバッタやクモ類などに代わります。ところが、ブナアオシャチホコが大発生した時には鳥や野ねずみたちのえさは主にこのブナアオシャチホコの幼虫となり、野ねずみたちはその大発生を押さえるように働いてくれます。ちなみに、カラスは昆虫を餌にする割合は大変少ないのですが、ブナアオシャチホコが大発生したときには通常の食事メニューを変え、えさの大部分がこの蛾の終齢幼虫になるそうで、カラスまでもが大発生を抑えるように働くのです。

しかし、鳥や野ねずみたちがいくら頑張っても、ある閾値(いきち)を超えると、この大発生は押さえることができなくなってしまいます。鳥たちの数には限りがあり、急に鳥の数が増えるわけにはいかないからです。

それでは、大発生を抑えるために活躍する昆虫に目を向けてみましょう。ブナアオシャチホコの大発生と共に増える昆虫がいます。クロカタビロオサムシです。この昆虫は甲虫目のオサムシ科に属し、幼虫も成虫も共に蝶や蛾の幼虫やさなぎを食べて暮らします。しかし、クロカタビロオサムシの数は少なく、通常、森の中で見つけることは極めて難しい昆虫の一つです。このようなことから、このオサムシは昆虫愛好家にはとっても貴重な虫なのです。ところが、ブナアオシャチホコが大発生すると、このクロカタビロオサムシもそれに合わせて大発生してきます。そして、ブナアオシャチホコの分布密度の高いところほどクロカタビロオサムシも多く捕獲できるようになります。そして、ブナアオシャチホコの大発生が終息すると、再び見つけることが困難な貴重な虫に戻ります。

そのほか、大変小さな寄生者たち、寄生蜂や寄生蠅なども活躍し、大発生の終息に貢献しています。

ブナの反応

ブナアオシャチホコが大発生した年、ブナの木は多くの葉を食べられてしまいます。ブナ林の中に暮らす多くの生き物たちはその大発生を食い止めようと懸命に活動します。ブナは多くの生き物に助けられ、ブナアオシャチホコの大発生の終焉を待つのです。しかし、ブナはただ助けをブナアオシャチホコの天敵ばかりにお頼みするわけではありません。ブナ自らも必死に抵抗しているのです。それでは手や足のないブナの木々はどのようにブナアオシャチホコに抵抗するのでしょうか。

ブナアオシャチホコは幼虫時代に大発生を経験すると、その成虫の体の大きさが平均で二割ほど小さくなるそうです。ブナアオシャチホコは羽化して成虫となると、えさをまったく食べません。そうして、伴侶を見つけ、結婚し、卵を産んで死んでいきます。ですから、産卵直前のメスの体サイズは、産卵時の卵の数にも大きく影響してきます。調査によれば、大発生時のメスの蔵卵数は平均で三割もの減少を引き起こしたというデータもあります。産卵数の減少は当然、幼虫たちの数の減少に繋がりますから、大発生を終焉させる方向に働く要因の一つになってきます。

大発生時では、ブナの葉がまったく無くなってしまう状態となってしまうことより、今までは大発生世代の小型化はえさ不足が主な原因であると考えられてきました。ところが、大発生が終息した翌年にはえさであるブナの葉は豊富に存在するようになっています。それにもかかわらず、ブナアオシャチホコの終齢幼虫の体サイズはやっぱりまだ小型化した状態が続きます。幼虫の体の大きさが通常の状態に戻るまでにはまだ数年のときがかかり、徐々に本来の大きさに戻っていきます。このような現象をどう考えたらよいのでしょうか。みなさんは如何考えられますか?

樹木が傷つけられたとき、樹木がどのような反応を起こすか調べた実験があります。それはポプラの幼樹を使って調査した次のような実験です。

一つ一つ鉢植えされたポプラの幼樹を四十五本用意し、それをA、B、Cの三つのグループに分けます。Aのグループには葉を数パーセント傷つけた幼樹十五株、Bは無傷の幼樹十五株、計三十株を一つの密閉式のガラス容器に一緒に入れます。また、Cグループの十五株はA・Bとは別の密閉式ガラス容器に無傷の状態で入れ、これをコントロール（対照）とします。その後、時間の経過と共に、A、B、Cそれぞれのグループについて葉の中のフェノール類*の全量を測定します。

その結果、Aグループでは二日ほどの間に、傷つけられた葉の周りの葉の中のフェノール類の含有量を増やします。さらに、葉の中のフェノール類の増加は傷つけられた葉の周辺だけに留まらず、その幼樹全体の葉に及ぶことが分かりました。そして、さらにビックリすることには、Aグループと同じガラス容器内に置いてあった無傷のBグループのポプラの幼樹たちの葉の中のフェノール類の含有量も、同じように増加していたのです。もちろん、コントロールのCグループのポプラの幼樹には何の変化もありませんでした。

サトウカエデにおいても同じ実験が行なわれ、同じような実験結果が確認

＊ベンゼン環に水酸基が付いた構造を持つ化合物群

されました。葉を傷つけられたサトウカエデは三日以内にコントロールに比べて高いフェノール類含量になると共に、やはり同一容器内に入れておいた無傷のサトウカエデにも、フェノール類やタンニン*総量が速やかに増加したそうです。

葉の中に急激に生産されてきたフェノール類やタンニン類などの化学物質は、虫たちの成長に害を与えます。ポプラの幼樹は〝もうこれ以上葉っぱを傷つけたり、食べたりしないで!〟と願いを込めて虫たちの成長に害になる化学物質を体内に生産し、外敵から身を守ろうとしているのです。このように外敵に攻撃されたとき、生体内に誘導されてくる化学物質を外敵防御物質と呼んでいます。木々たちはこの外敵防御物質を体内につくることによって、虫や動物たちからの食害を最小限に食い止めようとしているのです。

傷つけられたポプラやサトウカエデが自らを守るために、タンニン類やフェノール類を生産することが分かりました。ところで、傷をおった幼樹と同じ容器内に置いてあった無傷の幼樹たちは、何故同じようにフェノール類の生産を開始したのでしょうか。

*タンニンはベンゼン環上に水酸基を複数持つフェノール類を部分構造に持つ化合物群で、皮なめしに用いられる

実験に使用した幼樹はそれぞれ鉢植えですので、幼樹同士は地上部も地下部も繋がっていません。幼樹同士の間で、このような現象が起こることは大変面白いと思いませんか。傷つけられた幼樹から何らかの情報が空間を伝わり、無傷の幼樹に伝達されたことになります。この空間を伝わるということから、この情報を伝えるものは揮発性の化学物質と考えられました。*

そのことを証明するため、昆虫から食害を受けた樹木について、その葉から放出される化学伝達物質の調査が行なわれました。実験に使われたのは、ポプラ、シラカンバ、ミズナラの木々たちです。はじめに正常なポプラの葉から放出されている揮発性成分の分析を行います。次にマイマイガの幼虫にポプラの葉を食べてもらい、そのときポプラの葉から放出されてくる揮発性成分について分析します。そして、正常時および食害時に放出される揮発性成分の分析の結果を比較して、食害時に増大する成分または新たに出現してくる成分について調べます。

その結果、ポプラがマイマイガの食害に遭うとき、気相に青葉アルコール（シス‐3‐ヘキセン‐1‐オール、葉の青臭い匂い成分）が増えることが

*古前恒監修『化学生態学への招待』三共出版

分かりました。このことは、シラカンバやミズナラの木でも同じ結果となりました。青葉アルコールは植物が持つ不飽和脂肪酸であるリノレン酸から数段階の酵素反応によって分解されてできるもので、植物がストレスを受けたときに増加することが知られていました。虫たちに葉を食べられることは樹木たちにとってやはりストレスを受けることになるのでしょうか。

この実験の結果を踏まえ、次に青葉アルコールが正常な樹木の葉の中に防御物質をつくる引き金となる情報伝達物質であるかどうかが調べられました。シラカンバの葉をいろいろな濃度の青葉アルコールの雰囲気下に置き、一定時間の後、シラカンバの葉の中のフェノール類総量を調べます。その結果、青葉アルコールの濃度五ｐｐｍの雰囲気下に二十四時間置かれたシラカンバの葉の中のフェノール類総量が対照に比べて五二パーセントも高まることが分かりました。増加したフェノール類について詳しく調べてみると、一つの化合物が著しく増えていることが分かりました。調査の結果、その化合物は3,4'-ジヒドロキシプロピオフェノン-α-D-グルコピラノシド（ＤＨＰ配糖体）であることが明らかとなったのです。

そこで、マイマイガの幼虫についてDHP配糖体に対する誘引性、摂食性、忌避性について調べられました。その結果、シラカンバの葉に低濃度でDHP配糖体を塗布したときはマイマイガの幼虫はその葉を喜んで食べたそうですが、高濃度でDHP配糖体を塗布した葉では摂食が認められなかったそうです。さらに、DHP配糖体のグルコースがとれたDHPを高濃度で塗布したポプラの葉を用いてマイマイガの幼虫を飼育したところ、幼虫たちの多くは死亡したそうです。*

すなわち、忌避物質（嫌いな物質）となるDHP配糖体を急増させる揮発性の化学物質（樹木の情報伝達物質）は青葉

＊渡辺定元「現代化学」1993 (8),p58—63

アルコールであることが分かりました。そして、樹木は葉を昆虫たちに食べられると、空気中に放出する青葉アルコールの量を増加し、昆虫が食べるのをやめると放出する青葉アルコールの量を減少するのです。樹木たちは昆虫たちから攻撃を受けると青葉アルコールを使って他の場所の葉や他の樹木に危険が迫っていることを知らせているのです。木々たちは仲間からの知らせにすばやく応え、昆虫などの忌避成分や毒成分であるフェノール類やタンニン類を生産し、その危険に対応していることが分かってきました。

植物たちは自分たちに危害を加えるものに対し、いろいろな防御方法を駆使し、自分たちを守っていることが分かります。ブナの木はブナアオシャチホコによって強烈な葉の食害を受けます。ブナの木はブナアオシャチホコの食害に対抗すべく、ブナの葉の中でブナアオシャチホコの幼虫の成長を押さえる化学防御物質を誘導します。ブナの木は温厚なのか、少々の葉の食害には目を瞑る(つむ)ようですが、ある閾値を越えて食害を受けた時にはその誘導防御反応が強く発生してくるようです。そして、ブナの木はブナアオシャチホコの幼虫たちの成長を抑える、タンニン類やフェノール類を葉の中に生産していきます。しかし、現在のところ食害時にブナが誘導する化学防御物質の本体についてはまだ特定はされていません。

少々の葉っぱならば、虫たちに優しく与えてくれる温厚なブナたちも、さすがに丸裸にされるまで葉を食害されるのですから、一所懸命抵抗せずにいられません。ブナの根では菌根たちが葉っぱで出来る炭水化物を待っています。急に供給が止まることになったら菌根菌たちの生活にも影響し、菌根菌たちを食べている土の中の色々な生き物たちにも影響が出てしまいます。菌根菌たちのダメージはそのままブナの生死に繋がります。自然はズーッと繋がっています。調和のとれたブナの森に導こうとみんなで懸命に頑張るのです。

今まで、ブナの森の中でブナアオシャチホコが大発生したときにいろいろな生き物たちがその大発生を抑えるために様々に活動・活躍していることを示してきました。しかしみんなその活躍にも限界があります。そのような中、このブナアオシャチホコの大発生時に大活躍する最後の砦は、はやはりサナギタケということになると思います。

サナギタケ

一九九一年の夏、新潟や長野、青森のブナ林の中で、サナギタケの大発生がありました。その前年の夏、青森県の八甲田山のブナ林ではブナの葉を専門に食害するブナアオシャチホコが大発生していました。八甲田山の雛岳(ひなだけ)のブナ林では激しい食害に遭い、雛岳の中腹に緑の部分が見られないところが帯状に広がっていました。

ところが、その翌年の初夏、ブナアオシャチホコの成虫が飛び立つ数は前年より下回り、いつもの年と同じ程度となっていました。そして、夏、ブナ林の林床にはたくさんのサナギタケの子実体が現れて来たのです。

いつもの年にはサナギタケの数は大変少ないのですが、ブナアオシャチホコが大発生したその翌年にはサナギタケの大発生が起こります。このようなことから、サナギタケはブナアオシャチホコの大発生を終息させる重要な天敵のひとつと推測されています。それにしても、ドラマティックにブナアオシャチホコの大発生を終焉させます。サナギタケは生態系のバランスを絶妙にコントロールしている魔法使いのように思えます。

最近その両者の関係がさらに詳しく調べられてきました。それを次に紹介します。

通常、サナギタケは大変希少なもので、なかなかお目にかかれません。しかし、ブナアオシャチホコが大発生するとサナギタケもそれに伴い大発生してきます。サナギタケは何時、何処でブナアオシャチホコとめぐり合い、感染し、大発生に繋がっていくのでしょうか。実験室でのサナギタケの感染実験があります。それによると、土の中にブナアオシャチホコの蛹(さなぎ)をおくと一週間前後で感染し、約四十日で死に至らしめることがわかりました。自然状態の中では、ブナアオシャチホコの死亡時期は幼虫から蛹になった直後から越冬後までさまざまのようです。理由は、サナギタケがブナアオシャチホコに感染するためには、その蛹と接触しなければなりませんし、サナギタケが蛹に遭遇したとしても、菌自身が元気な状態にいなければ感染することはできません。そのようなことを考えるとき、感染には土壌中のサナギタケの菌密度や、土の中の温度や湿度、その他さまざまな要因が関係することになり、結果として、自然の中ではいろいろな時期に感染することになります。

しかし、感染時期はいろいろでも、ブナの森の林床にサナギタケの子実体が顔を出す時期は、翌年の盛夏と決まっています。感染したサナギタケにとっては蛹から十分栄養を吸い上げてから子実体をつくるほうが、子実体も大きくなり、たくさんの胞子も残せると考えられます。そのため、サナギタケがどんなに早い時期に蛹に感染したとしてもその年のうちに子実体をつくることはありません。その年に子実体をつくり、胞子を飛ばして、菌密度を上げ、ブナアオシャチホコを全滅に追いやることはしないのです。次の年の盛夏、次の世代のブナアオシャチホコの幼虫たちが土の中にもぐってくる頃にあわせてサナギタケも子実体を現わし、胞子を作って散布します。

それでは感染は実際にはいつごろが多くなるのでしょうか。サナギタケの感染率を調べてみると、季節によって変動するようです。七月の初めには三割に過ぎないものが八月初旬になると七～八割がサナギタケに感染し、そして一〇月にはまた五割を下回ります。このようなことが起きる原因の一つは気温にあります。東北地方のブナ林は標高が高く、梅雨明け以前はまだ寒いという状態で、サナギタケが活発に活動するには少々気温が低すぎるようです。東北のブナの森も、梅雨が明けると気温は上がり、サナギタケの適温の二〇～二五度に近くなります。その結果として、盛夏の時期にサナギタケたちが活発に活動を開始できる状態となり、感染率もグーンと上がってくるのです。

もう一つの原因は、サナギタケの子実体の発生時期に関係します。サナギタケの子実体の発生は七月下旬から八月の上旬にピークに達します。子実体からは胞子が空中に飛び出し、地面に落下後、発芽し菌糸を伸ばします。結果として、土の中の菌の密度が高くなり、感染率もアップするのです。前に、

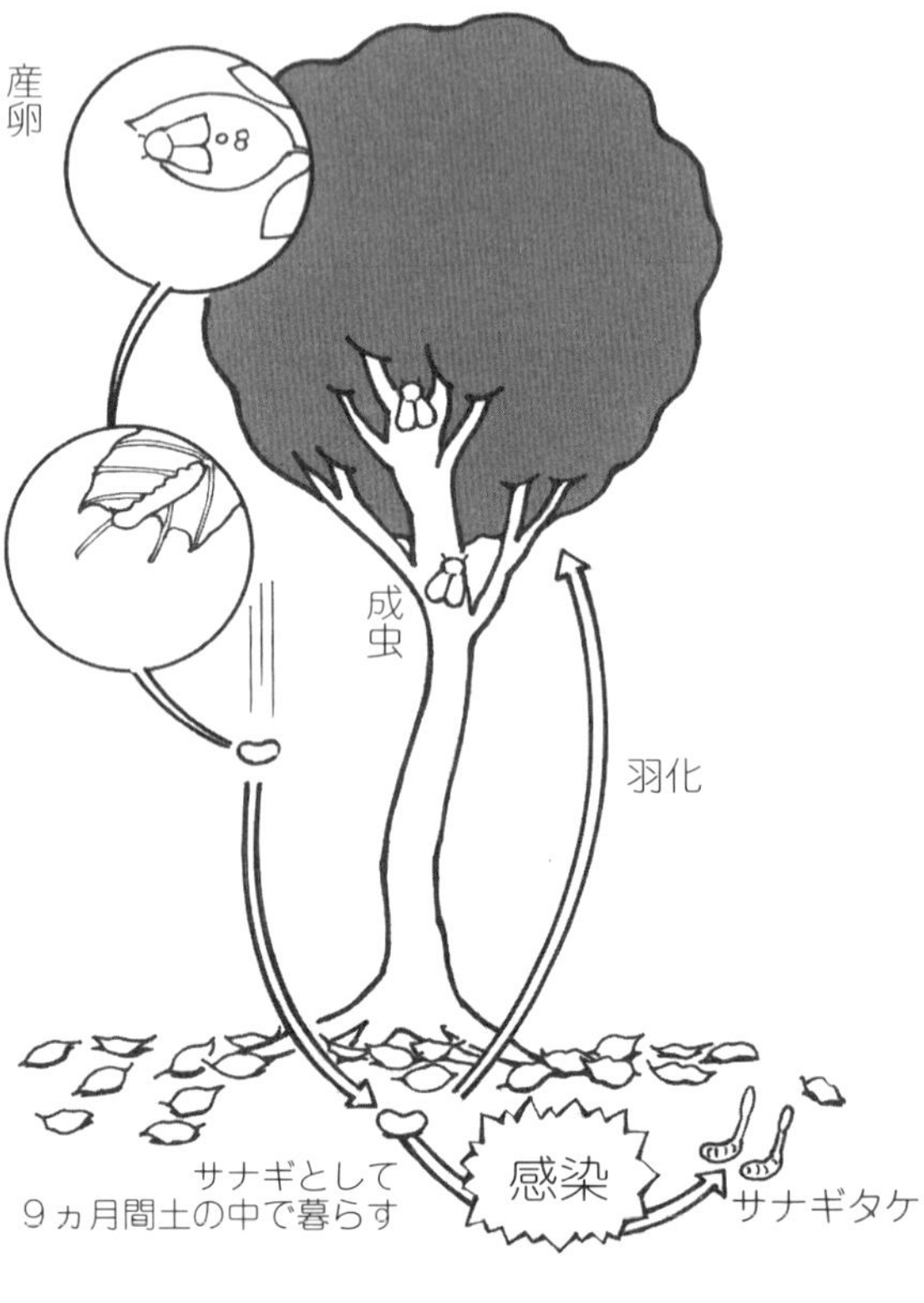

サナギタケの不完全世代は土壌微生物として生活することが出来ることを述べましたが、分生子や菌糸は冬の寒さに弱く、東北の冬の寒さを乗り切れるものはそれほど多くはありません。そのため七月までの土壌中の菌密度は八月に比べて低いでしょう。このことも七月のはじめの感染率の低さに関係するかもしれません。

先にも述べましたが、通常サナギタケは森の中で細々と暮らしております。ところが、ブナアオシャチホコの大発生の翌年の夏には、多くの昆虫病原菌のある中でサナギタケだけが大発生してきます。何故、ブナアオシャチホコが大発生したときだけ、サナギタケが目立つのでしょうか?

サナギタケの子実体がブナ林の林床に現れる最も多い時期は七月下旬から八月にかけてであり、その時期に沢山の胞子を空中に散布することで菌密度を高めます。それと同時期に、ほとんどのブナアオシャチホコは終齢幼虫に到達し、ブナの木から落ち林床にもぐります。サナギタケの成長に気温も適温となり、サナギタケがブナアオシャチホコに感染するのに最も好都合になっています。さらに、ブナアオシャチホコは林床にもぐり、蛹となり、これから翌年の五月まで、一年の三分の二もの長い期間を土の中で過ごすことになります。わざわざサナギタケの胞子や菌糸の多い土の中までやってきてくれるのですから、サナギタケにとっては本当にありがたいといったところでしょう。このように色々なことがサナギタケに都合よく働き、ブナアオシャチホコの大発生の次の年には多くの昆虫病原菌の中でサナギタケの大発生が目立ってくるのです。

また、ブナアオシャチホコの大発生前、大発生時、大発生後のそれぞれの年にブナ林の色々なところの土を採集し、その土の中にブナアオシャチホコの蛹を埋めるておく実験*があります。この実験の結果から分かったことは、ブナアオシャチホコの密度がピークに達する前はサナギタケやほかの昆虫病原菌の寄生率は共に低く、生存個数も多いのですが、密度のピークの年はサナギタケやほかの昆虫病原菌の寄生率も共に高くなり、特にサナギタケでの感染死亡率が上昇します。また、ブナアオシャチホコの大発生にならなかった地域でも、固体群密度が上昇してくると、やはり、サナギタケや他の昆虫病原菌の寄生率は共に上昇に向います。その結果ブナアオシャチホコの大発

＊金子繁編『ブナ林をはぐくむ菌類』分一総合出版

生が起こらずに減少に転ずることもあります。

ところで、ブナアオシャチホコの大発生が過ぎた翌年も、サナギタケは引き続き高い死亡率を引き起こします。それはブナアオシャチホコの密度分布が最大になったときの次の年の夏、サナギタケの子実体から子のう胞子が散布され、結果として土の中のサナギタケの菌密度が広い範囲で高められることになるからです。つまり、ブナアオシャチホコの密度のピークとサナギタケの菌密度の高まりの間には一年のずれが生じる結果となります。サナギタケは昆虫に寄生する以外に土壌微生物として生活していけますので、数年かけて徐々に土壌中の菌密度が低下してサナギタケの高死亡率も徐々に下がっていくのです。このようなことから、サナギタケがブナアオシャチホコの周期的な密度変動を作り出している重要な因子の一つと考えられているのです。

生態学の研究の中で、動物や昆虫の密度変動をできるだけ少ない要因で説明しようとする傾向がありましたが、近年、さらに色々なものが絡み合って生態系が出来上がっているとの認識が強まってきました。このようなことから、できるだけ多くの要因を入れ、その一つ一つの要因が密度変動のさまざまな局面にどのように働いているかを明らかにしていこうという傾向になってきています。

そのような観点に立ってブナアオシャチホコの密度変動をもう一度眺めてみましょう。ブナアオシャチホコが大発生すると、サナギタケばかりでなくクロカタビロオサムシや寄生蠅、寄生蜂などがはたらいて、大発生時の密度を引き下げようとします。その結果、翌年に羽化する成虫数は少なくなり、次世代の個体数、つまり卵の数も減らすことになります。サナギタケの活躍やブナの誘導防御反応は大発生が終息した後もしばらく有効に続きます。これらの効果が切れたとき、ブナアオシャチホコの密度は再び増加に向います。

一方、ブナアオシャチホコが大発生に至らないが、ある程度の高密度状態になった場合、有効に働くのはやはりサナギタケが主のようです。ただし、大発生した場合に比べてブナアオシャチホコの個体数の減り方は緩やかに推移していくそうです。そして、サナギタケの効果は大発生したときと同じように数年間持続し、その効果が切れるとブナアオシャチホコの密度は増加に向うのだそうです。
ブナの森では目に見えるほどのブナアオシャチホコの大発生が生じなくとも、ブナアオシャチホコとサナギタケ、さらにはクロカタビロオサムシ、その他の色々な生き物が、増えたり減ったりしながらみんなで森の調和を保っているのです。

最後に、ブナ林にもう一度目を移して見ましょう。前年、ブナアオシャチホコに丸裸にされたブナの木のなかには、その後の気象条件なども関係して枯れてしまうものもあるそうです。自分達が世話になった木を枯らしてしまうのですから、ブナアオシャチホコにはイエローカード、否、レッドカードを渡したい気持ちも起こってきます。しかし、もう少し冷静に枯れたブナの周りを眺めて見ましょう。ブナが枯れたその場所には太陽の光が林床にまで届いています。ふだんは薄暗いブナの森の中ですが、その部分は明るい場所となるのです。そして、太陽の優しい輝きはブナの若芽を育てはじめ、新たなブナの芽が元気に息づき始めるのです。静寂なブナの原生林の中、ブナアオシャチホコの大発生のドラマが森の維持・更新に大きな役割を果たしているのではないでしょうか。やはり、自然は必ず良くなる方向に向かい、すべてが調和する方向に進んでいくのだと思います。

参考文献

金子繁編『ブナ林をはぐくむ菌類』文一総合出版
古前恒監修『化学生態学への招待』三共出版
鎌田直人「biosphere」1992(7), p7—10, 農村文化社

エピローグ

私の専門は天然物化学という分野です。高校の化学の教科書の後半に出てくる有機化学という分野がありますが、その中の一つの研究領域です。自然界に存在するいろいろな生物の中には様々な有機化合物が存在します。それらの化合物を取り出してきて、どのような形をしているのかを明らかにすることが主な研究です。現在、学部で担当している授業は有機化学です。学部一年生の前期と後期を担当しています。

有機化学の授業は四月に入学するとすぐに始まります。私はこの授業の始めのころに、高校でも学ぶと思いますが、元素の周期表の不思議や化学結合の面白さについて簡単に触れます。学生たちが「面白いなぁー」と思ってくれたらありがたいのですが、それはさておき、その話をしている自分の方が、やはり「物質の世界も規則正しく、大調和した世界なんだなぁ〜!」とつくづく感心するとともに、「やはり面白いなぁ〜!」と思います。たとえば、原子と原子の間の結合の話の中で「電子対反発則」という規則を紹介します。

電子対反発則とは、

ある原子の周りに存在する電子対は互いに反発しあってその反発を出来るだけ避けるように空間に位置する。

という規則です。小さな元素の原子間の結合では特殊な事情がない限りこのことが成り立ちます。

電子はマイナスに荷電していますから、マイナス同士が近づくとそこに反発が生じて不安定となります。分子は原子が集まって出来ており、分子の中の原子と原子の間には化学結合が出来ています。結合に使われる電子は原子の一番外側に存在する最外殻電子（価電子）です。結合に参加しなかった価電子は対を作って原子の周りにいます。もし、原子の中で対を作れない電子があることになると、それを含む分子は大変アクティブな分子、すなわち不安定な分子となってしまいます。しかし、どのような状態になろうとも、原子はその状態の中で出来るだけ安定な状態になろうとします。そして、原子の周りに存在する電子対や対を作れなかった電子を出来るだけ電子同士の反発を避けるように空間に配置します。その結果、分子は出来るだけ対象性の良い安定な形を取るようになるのです。もし、電子の偏りを起こすならば、不安定性が増し、化学反応が起き、違う形へと変化していきます。違う形に変化したものはやはり、その状態の中でより安定な形となるよう形を整えます。

水の形（分子構造）を考えてみましょう。水は化学式で書くと H_2O となります。酸素を中心元素とし、その酸素に二つの水素が結合した次に示すような折れ線型の形をしています。

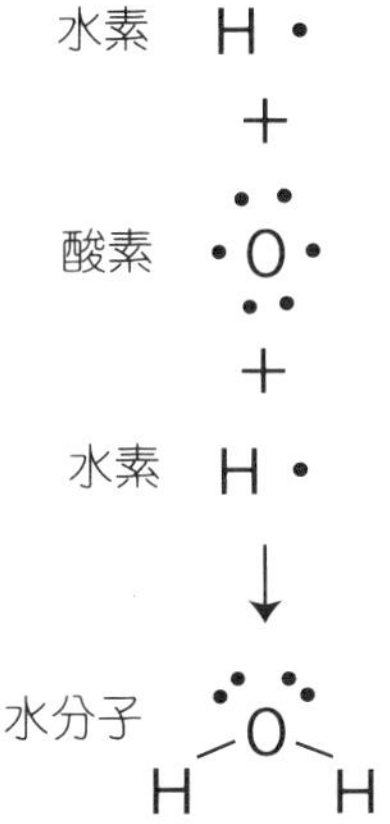

式の原子記号につけた・は原子が持つ最外殻電子として示しました。酸素

の最外殻電子は六個で、水素は一つです。酸素は二つの水素との結合に一個ずつ、計二個の電子を使っています。O—HのーがH結合を意味しますが、そこには水素と酸素から各一つの電子を出し合って、結合が作られていることを意味します。

この結合を作っている二つの電子は水素原子と酸素原子が共有しているということになりますので、共有電子対と呼ばれます。また、残る酸素の最外殻電子四個は結合には関与せず、孤立した電子対（:）二組として酸素の原子の周りに位置します。すなわち、酸素原子の最外殻の電子は二組の共有電子対と二組の孤立電子対に存在し、それらの電子対が電子対同士の反発を出来るだけ避けるように配置されることになります。そうなることで分子や化合物は安定な状態となるのです。

水分子の酸素は、孤立電子対の二つと水素との共有電子対の二つを四面体の各頂点に置けば、四面体構造で描くことが出来ます。このことから、水の分子の折れ曲がった型となっていることが良く説明出来ます。

なお、酸素の周りの電子対に着目すると、共有電子対の端には水素が存在し、その中心にはプラスに荷電した陽子があります。それに対して孤立電子対の端には陽子がありません。電子はマイナスに荷電していますので、電子対だけである孤立電子対同士の反発はプラスに荷電した陽子を端に持つ共有電子対同士の反発よりも大きくなります。その結果、メタンのように正四面体とはならず、水のH—O—Hの角度はほぼ一〇五度となり、メタンのH—C—Hの角度より少し小さくなります。

　メタンは化学式がCH_4で、左下の様な正四面体の形をしています。炭素（C）の周りには四つの同じ状態の共有電子対（C—H）が存在します。そのため均等に離れることとなり、正四面体の形を取ります。結果として、H—C—Hの角度は一〇九度二八分となります。

　このように、電子対反発則を考えることで、分子のおおよその形が見えてきます。それは電子対ができるだけ離れるように配置されることを考えると、分子が中心原子の周りにいくつの電子対を

メタン分子

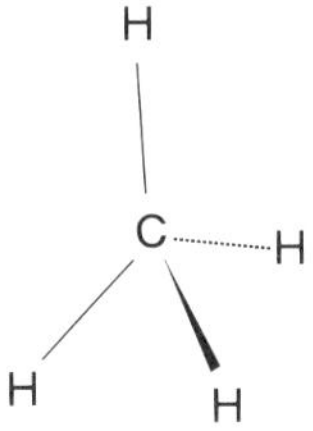

正四面体

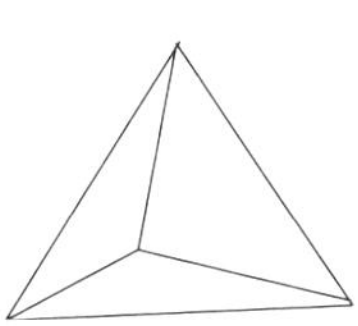

持つかを知ることで、ほぼその化学種（分子またはイオン）の形が決まってくることが分かります。

以上のことをまとめてみると、下のような表が出来上がります。

まだまだ色々な形がありますが、基本になることは多くの分子やイオンは出来るだけ安定な形を取りたがるということです。逆に電子の偏りを起こさせるならば、不安定さが増してしまうことになります。我々が化学反応を起こさせたいと思うならば、分子を不安定にさせれば良いことになり、電子の

中心原子最外殻電子対総数	電子対を含んだ形	例
2	直線	二酸化炭素(CO_2)
3	三方平面	炭酸イオン(CO_3^-)
4	四面体	アンモニア(NH_3)
5	三方両錐または四角錐	PF_5
6	八面体または三角柱	$Fe(CN)_6^{4-}$

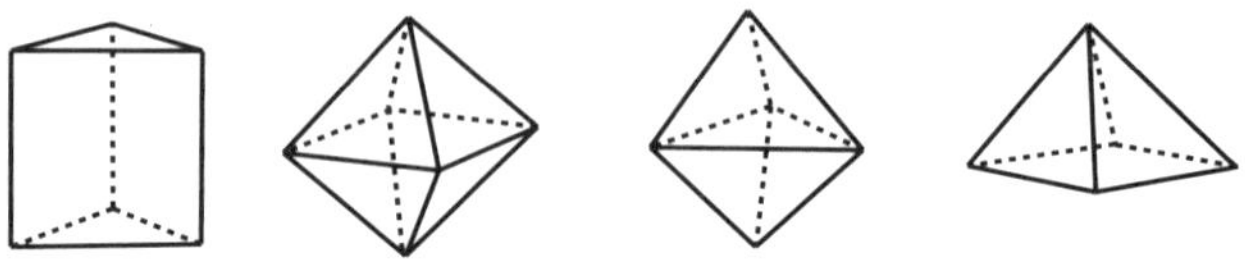

三角柱　八面体　三方両錐　四角錐

偏りを起こさせることを考えれば良いということになります。

そして、反応が起こった後は、生成物は再びより安定な配置を取るように形を整えていきます。

今までは分子一つに的を絞ってお話ししました。分子の周りには何も無いという前提でしたが、そのようなことは大変珍しい特殊な状態です。通常はその分子の周りには何らかの分子が存在することでしょう。分子はその周りの分子から影響を受けながら、その系がより安定な状態となるように行動します。

このように物質の世界もやはり調和の取れた世界であります。不調和に見えるときは、そこに何か余分なエネルギーが存在するからであり、その余分なエネルギーが取り除けられると再びより調和の取れた状態となり落ち着きます。有機化学の授業をしながら、より調和した世界を好む〝化学の世界〟に勝手に感心している私であります。

化学の世界の一部について取り上げてみましたが、このように化学物質の世界でも調和したより安定な世界を好むことがお分かりいただけると思います。

本書では菌類の世界のほんの一部を紹介させていただきました。

大変複雑な自然界の中でも、自然はその時点でより安定な方向に終息しようと動いていることをお伝えできればと思い、この本を書かせていただきました。

地球上で知られている生物種の数はおよそ百八十万種と言われています。未発見の種も含めるとこの地球上には一千万〜三千万種にもなると予測されています。研究者の中には一億種と推定する方もいて、実際にはその数は分からないのが実情です。* このように、自然の中では数え切れないほどの多くの生き物が生活しています。そのすべての生き物たちが持ち場、持ち場で自分達の役割を精一杯表現しています。そして、より調和した安定な世界を作り出そうと活躍しているのです。

生態系の中には様々な因子があり、数種の生物間だけの関係で全てを言い表せないものが多く存在し、現在でも自然の中の現象についてまだまだ分か

＊生物多様性政策研究会編『生物多様性キーワード事典』中央法規

らないことだらけです。しかし、全ての現象はあらゆるものの総和の結果として現れてくるのです。その中で、より安定した状態を作り出そうと〝全てのもの〟が動きだします。〝全ては一体〟ということが自然の中に現れているのだと思います。

地球が生まれ四十六億年、はるか昔の地球は二酸化炭素で覆われた惑星でした。全ての条件が整い、生物が生まれ、長〜い年月を経て、現在の地球が出来上がりました。

地球はその歴史の中で生物の大絶滅という大きな変化を繰り返してきました。そして今、再び地球上の生き物にとって大変な時期を迎えています。日本の気象庁の発表では一九〇一年〜二〇〇〇年までの気象データの分析結果では、日本の主要大都市の年平均気温がここ百年で二・五度の上昇となっています。東京ではさらに高く三・〇度も高くなっているそうです。これは、地球温暖化にさらに拍車を掛けた都市部のヒートアイランド現象の結果といわれています。都市部では地表面がアスファルトの舗装やコンクリートの建築物に覆われ、緑地や水面の減少の結果、熱の放散が難しくなり、さらにエアコンや自動車などの排熱が加わり、気温の異常な上昇を招いている状態です。

このままの状態で進んでいくことが人や自然にとって本当に良いことかを真剣に考えなければならない時代がやってきています。

私たちはそのことにやっと気付き始めました。そして世界の国々やそこに集う多くの人々によって地球温暖化を防ぎ、緑豊かな自然を残そうと多くの試みがなされるようになってきました。

地球は人間だけのものではありません。地球は生きとし生けるもの、否、山も川も草も木も鉱物も、そして私たちを取り巻く空気も、この地球にあるすべてのものの地球であります。かけがえのないこの地球、そこに集う全てのものを守り育む(はぐく)ことが、この時代に生きる私たちの使命のように思います。

何からはじめたら良いのか分からないという方もいると思いますが、まずは私たちの身の回りから地球に優しい行動を心がけていくことが大切と思います。この地球上には多くの生き物達が暮らし、より調和した世界を作ろ

う と力いっぱい生きています。人間の目に見えない小さな世界の中でも、菌類たちをはじめ多くの生き物が一所懸命生活しています。地球上の構成員である私たち人間も多くの生き物に負けず、地球への思いやりの心を持って力いっぱい生きることが大切と思います。

〝一人がよいことをしても世界は変わる〟のです。お一人おひとりの優しい心がこの地球を守り育む動力となっていくと思います。素敵な地球をみんなで守っていきましょう。

次頁に、参考として環境省地球環境局・全国地球温暖化防止活動推進センター編集の「地球環境を考えよう!」の中の家庭で出来る取り組みの表を転載させていただきましたが、これを見ながら可能なところから二酸化炭素の排出量を減らす工夫をしてみませんか?

たとえば、一キログラムのゴミを捨てる場合、[一(kg)×〇・八七(kg)」=〇・八七(kg)となります。すなわち、一キログラムのゴミを捨てることは二酸化炭素八四〇グラムを空気中に排出することになります。そのゴミが水を含もうが含まなかろうが、一キログラムのゴミは八四〇グラムの二酸化炭素を空気中に排出することに繋がります。

こう考えると、水を含んだ生ゴミは水分を切って捨てるようにするだけで、二酸化炭素の排出をかなり抑えられることが分かります。生ゴミの水を切るということだけでも地球温暖化対策に貢献したことになるのです。

また、アルミ缶一つをゴミとして捨てると、[一（個数）×〇・一七（kg）]＝〇・一七（kg）となります。すなわち、アルミ缶入りのジュース一本を飲んで、〝ポイ捨て〟をすると、二酸化炭素一七〇グラムを空気中に吐き出したことになります。この

環境家計簿　　*排出量は、CO2排出係数に使用料をかける。

項目	(単位)	使用量 x CO_2排出係数＝CO_2排出量			
電気	(kwh)	×	0.36	＝	Kg
ガス (m^3)	都市	×	2.1	＝	Kg
	LP	×	6.3	＝	Kg
水道	(m^3)	×	0.58	＝	Kg
ガソリン	(ﾘｯﾄﾙ)	×	2.3	＝	Kg
アルミ缶	(本)	×	0.17	＝	Kg
スチール缶	(本)	×	0.04	＝	Kg
ﾍﾟｯﾄﾎﾞﾄﾙ	(本)	×	0.07	＝	Kg
ガラスビン	(本)	×	0.11	＝	Kg
牛乳パック	(本)	×	0.16	＝	Kg
食品トレー	(枚)	×	0.008	＝	Kg
ゴミ	(kg)	×	0.84	＝	Kg

1　アルミ缶以降から食品トレーまでのものはリサイクルに出さずに捨てたものを数えます。

2　平成10年(1998年)のデータでは1人当たりのCO_2排出量は約9トン(9,000kg) です。CO_2排出量を10%減らすことを目標にしてみませんか。

一七〇グラムの二酸化炭素とは気体としては八六・五リットルで、ほぼ四五リットル用ゴミ袋二袋分にあたります。

以前、私は幼稚園児や小学生の集まりの会でお話しする機会がありました。〝少し難しいかな〟と思いながらも、ゴミ袋を膨らませながらそのことを話してみました。後日、私の話を聞いていた幼稚園年中の住谷大志君というお子さんが、そのときの感想を次のように書いてご両親にお見せしたそうです。

「今日の先生のおはなしが面白かったです。二酸化炭素がふえてくると地球が暖かくなっちゃうから缶をそこらへんにすてないでちゃんとゴミ箱にすてましょうといいました。でも僕は、一番良いのは水筒をもってジュースを買わないことだと思いました。」

そのお子さんは幼稚園児ですが、漢字を書くことに興味を持ち、自分からお父さんお母さんに漢字の書き方を教わっているようです。そしてその日の〝印象に残ったこと〟を書きとめてご両親にお見せするのだそうです。ここに示したのは、すべて原文に使われている文字です。

小さなお子さんでも、地球に優しい気持ちを少しでも表そうと考えます。

私たちも、自分たちの出来るところから、二酸化炭素の排出量を少しでも減らすよう工夫し、実行していきましょう。

私はカビを材料に研究を行っております。私たちの研究グループの中心テーマは、菌類が生産する化学物質の中から生理活性物質を見つけようと研究をしています。現在の中心は、日和見感染菌（ひよりみかんせんきん）の中で、人の肺などの内臓に生えてくるカビの病気、アスペルギルス症の原因菌であるアスペルギルス・フミガタスに抗菌性を示す物質をカビの中からみつけようと研究を行っています。

日和見感染菌？　初めて聞く名前かもしれません。日和見感染菌とは普段は人間の健康に害を与える菌ではありませんが、人間の体の免疫機能が低下し続けたとき人間に害を与える菌たちのことであります。それらの菌たちを指して日和見感染菌と呼んでいます。ところが、それらの菌に効く有用な医薬品がほとんどないのが実情です。私たちは色々なところから分離したカビなどの微生物を使い、微生物が生産する代謝産物中からアスペルギルス・フミガタスに抗菌性を示す物質を探しています。そのようなことから、菌類の専門家や植物病理学の専門の方等とお付き合いさせていただき、菌類について色々学ばせていただいています。

しかし、私自身、カビについてまだまだ浅学の身であります。それにもかかわらず、この度はわが身を省みず、本書を書かせていただきました。私は天然物化学屋ですので、興味はどうしても化学物質に繋がって行ってしまいます。話の中に化学が出てくると理解し難いと思われる方もあるかと思います。化学物質の構造式を書いたとしても、その化合物は目に見えませんし、構造式と本物の形は全然違いますから、分かり難いのも当然と思います。それにもかかわらず化合物に執着した部分もあったこと、お許し願えれば幸いです。

最後に、本文の内容について適切なご指導を頂きました日本食品安全センター顧問の宇田川俊一先生に心より御礼申し上げます。またこの本の出版を勧めて下さり、多くの貴重なご助言を頂きました日本教文社の有馬勝輝さん、本書の内容を読者の皆様に良く伝えられるよう様々な工夫をして挿絵を作成頂きました岸本方子さんに心より御礼申し上げます。

付録

分類学の中で菌類はどの位置にいるのか？

現在広く受け入れられている生物の分類はホイッタカーの五界説でありま す。それは生物を真核生物で、多細胞生物の植物界、動物界、菌界、真核生物で単細胞生物の原生生物界（鞭毛虫類や繊毛虫類）と原核生物のモネラ界（細菌など）の五つの界に分ける考えです。原生生物の取り扱いについては未だ論議の多いところですが、現時点で主流を占める考え方です。

この中で菌類は「体が主として多数の細胞からなり、その各細胞はしっかりした細胞壁で囲まれるが、全体としてあまり分化せず、各細胞の内部には一個以上の核があり、光合成色素を欠き、吸収により栄養をとる生物」としてまとめられています。生物の基本的な栄養のとり方は三通り考えられます。一つは光エネルギーを利用して無機物から自分で有機物に誘導し、利用する方法で、植物たちに見られる光合成です。二つ目は生きた生物を捕食する方法で、動物に見られます。三つ目の方法は外部の栄養分を、細胞壁を通して内部に取り入れる吸収というもので、菌類はこの吸収で栄養をとっています。

菌類たちは自分で出す酵素を利用し、有機物を分解して細胞壁を通る化合物に変換して吸収し、栄養としています。吸収により栄養をとっている菌界にはカビ、キノコ、酵母の全てが含まれています。

現在、この菌界は二つのグループ（門）、変形菌門と真菌門に分けられています。変形門は南方熊楠先生*が精力的に研究されていた変形菌類（真性粘菌）が入ります。また真菌門には典型的な菌類のカビ、キノコ、酵母などが含まれます。なお菌類という言葉は原核生物の細菌類（バクテリア）と混同されることがあるので、区別するために真菌というようになったそうです。

さて、真菌類をさらに詳しく分けてみると、現段階では五つの亜門に分けられます。すなわち鞭毛菌亜門、接合菌亜門、子のう菌亜門、担子菌亜門と、有性生殖の判明していない菌類を便宜的に一括してまとめた不完全菌亜門であります。

＊十九歳でアメリカに渡り、イギリス遊学後三十三歳で帰国した。その後、生まれ故郷の和歌山県の田辺で菌類や藻類の研究を行った世界的な博物学者。特に変形菌の研究では人々に多大な影響を与えた。

鞭毛菌亜門

多くはミズカビなどの水生の菌たち。陸上のものはほとんど植物寄生菌。遊走子という遊走細胞を持つという共通点だけでくくられたグループ。

接合菌亜門

全て陸生。有性生殖は配偶子のうという横枝が接合して接合胞子が出来る。無性生殖は胞子のう胞子による。ケカビ類トリコミセス類などが代表選手。

子のう菌亜門

有性生殖で、細胞の核融合と減数分裂の行なわれる細胞として子のうができ、その中に通常八個の子のう胞子がつくられる。無性生殖は分生子による。酵母、コウジカビ目、タマカビ目、チャワンタケ類のキノコなど、極めて多彩の大群。

担子菌亜門

有性生殖で、細胞の核融合と減数分裂の行なわれる細胞として担子器ができる。担子器の外には四個の担子胞子がつくられる。無性生殖として分生子をつくるものもある。サビキン、クロボキン、サルノコシカケ類やハラタケ類の代表的キノコがはいる。

不完全菌亜門

有性生殖が不明なものを総まとめにしたグループ。無性生殖として分生子を作る。アオカビやコウジカビなどカビらしいカビの大群。有性生殖が判明したときは有性生殖器官の形態におうじて、あらためて分類位置と学名がつけられる。

参考文献
椿啓介著　週刊朝日百科植物の世界「別冊キノコの世界菌界1」朝日新聞社
椿啓介著　『カビの不思議』筑摩書房

森からの伝言

発　行	平成15年6月15日　初版発行
著　者	野沢幸平　　〈検印省略〉
発行人	岸　重人
発行所	株式会社日本教文社 〒107-8674　東京都港区赤坂9-6-44 電話 03(3401)9111（代表） 03(3401)9114（編集） FAX03(3401)9118（編集） 03(3401)9139（営業）
印刷・製本	光明社

ISBN4-531-06384-8

定価はカバーに表示してあります。

乱丁本・落丁本はお取り替えいたします。

日本教文社のホームページ　http://www.kyobunsha.co.jp/

カバー写真提供
壁紙村　http://azemichi.cool.ne.jp/kabekami/